海洋经济蓝皮书：
中国海洋经济分析报告
（2022）

BLUE BOOK OF CHINA'S MARINE ECONOMY (2022)

中国海洋大学　国家海洋信息中心课题组 / 编著

中国海洋大学出版社
·青岛·

图书在版编目（CIP）数据

中国海洋经济分析报告 . 2022 ／ 中国海洋大学，国
家海洋信息中心课题组编著 . —青岛：中国海洋大学出
版社，2022.10
（海洋经济蓝皮书）
ISBN 978-7-5670-3293-4

Ⅰ.①中… Ⅱ.①中… ②国… Ⅲ.①海洋经济—
经济发展—研究报告—中国—2022 Ⅳ.① P74

中国版本图书馆 CIP 数据核字（2022）第 180790 号

出版发行	中国海洋大学出版社	
社　　址	青岛市香港东路23号	邮政编码　266071
网　　址	http://pub.ouc.edu.cn	
出 版 人	刘文菁	
责任编辑	张　华	电　　话　0532-85902342
电子信箱	zhanghua@ouc-press.com	
订购电话	0532-82032573（传真）	
印　　制	青岛国彩印刷股份有限公司	
版　　次	2022 年 10 月第 1 版	
印　　次	2022 年 10 月第 1 次印刷	
成品尺寸	170 mm×235 mm	
印　　张	15.25	
字　　数	237 千	
印　　数	1～3000	
定　　价	168.00 元	

发现印装质量问题，请致电 0532-58700166，由印刷厂负责调换。

《海洋经济蓝皮书：中国海洋经济分析报告（2022）》

编委会

2021 年是我国开启全面建设社会主义现代化国家新征程的第一年，也是"十四五"的开局之年。面对纷繁复杂的国内国际形势和各种风险挑战，我国海洋经济强劲恢复，发展潜力与韧性彰显，海洋经济总量首次突破 9 万亿元。《2021 年中国海洋经济统计公报》显示：全国海洋生产总值实现 90385 亿元，比上年增长 8.3%，占沿海地区生产总值的比重为15.0%，比上年上升 0.1 个百分点；主要海洋产业增加值 34050 亿元，比上年增长达 10.0%，海洋产业结构进一步优化，海洋新兴产业增势强劲，海洋旅游业实现恢复性增长，海洋交通运输业和海洋船舶工业等国际竞争优势再次凸显。

2022 年，虽然新冠肺炎疫情及国际地缘政治冲突等因素影响仍在持续，但是支撑海洋经济高质量发展的生产要素条件没有改变。为了更好地把握海洋经济发展态势和研判海洋经济高质量发展中的重大问题，中国海洋大学和国家海洋信息中心联合组建课题组，编写了《海洋经济蓝皮书：中国海洋经济分析报告（2022）》。本书分为四篇，各篇章既有独立性，又可合并成完整的框架体系。其中，第一篇为"总报告"，分析了 2021年中国海洋经济发展形势；第二篇为"产业篇"，包括海洋渔业、海洋油气业、海洋电力业、海水淡化与综合利用业、船舶与海工装备制造业、海洋交通运输业、海洋旅游业的发展情况；第三篇为"区域篇"，包括北部海洋经济圈、东部海洋经济圈、南部海洋经济圈、粤港澳大湾区的海洋经济发展形势分析；第四篇为"专题篇"，包括蓝色债券发展现状与政策建议、海洋金融的国际进展和中国路径分析、俄乌冲突对我国海洋经济的影响分析、我国海洋战略性新兴产业发展研究、新冠肺炎疫情下粤港澳大湾区航运业的机遇与挑战、我国海洋经济生产效率与环境治理效率演变及差异性分析。

　　本书适用于政府部门、高校、科研机构等相关单位的管理人员、研究人员，以及关心海洋经济发展的广大读者。希望本书的出版能够为国家海洋管理部门的战略制定提供理论依据；为沿海地方政府海洋经济政策实施提供具有指导性、操作性的建议；为科研工作者开展海洋经济研究分析提供文献参考。本书在撰写过程中得到了澳门科技大学刘成昆教授、香港理工大学黎基雄教授的帮助，中国海洋大学出版社对本书出版给予了大力支持，在此一并表示感谢！本书几经修正，得以成稿，但书中难免有不足之处，恳请大家批评与指正，我们将在今后的工作中不断改进和完善，为我国海洋经济发展贡献绵薄之力。

本书编委会

2022 年 7 月

目 录
Contents

Ⅰ 总报告

Ⅱ 产业篇

Ⅲ 区域篇

Ⅳ 专题篇

总报告

2021 年中国海洋经济发展形势分析

2021 年，面对复杂的国际环境、疫情和极端天气等多重挑战，我国政府果断采取系列措施，团结全国各族人民，众志成城。在"加强统筹、稳中求进"的工作总基调下，我国宏观经济于复苏中行稳致远，发展水平再上新台阶。对于海洋经济的发展，我国在《中华人民共和国国民经济和社会发展第十四个五年规划和 2035 年远景目标纲要》(以下简称"十四五"规划纲要)中，明确提出了"积极拓展海洋经济发展空间""协同推进生态保护、海洋经济发展和海洋权益维护，加快建设海洋强国"的发展规划。2021 年作为"十四五"开局之年，在我国宏观经济发展平稳、社会政治环境持续优化、海洋资源蕴藏丰富、科技创新环境持续向好的大背景下，海洋经济强劲恢复，高质量发展亮点突出。可以预见，未来海洋经济发展将继续贯彻落实新发展理念，以海洋科技创新为主要着力点，推动中国海洋产业朝着高端化、绿色化、国际化、集群化、信息化与智能化方向发展，向着"海洋强国"方向稳步迈进。

一、中国海洋经济发展环境

2021 年，百年变局与世纪疫情相互叠加，全球经济发展面临诸多复杂因素，经济下行压力加大。在以习近平同志为核心的党中央坚强领导下，我国经济大局总体稳中求进，灵活有效的配套政策不断出台，合作共赢的伙伴关系不断深化，为建设可持续、高质量的海洋经济提供了平稳健康的经济和政策环境。

（一）宏观经济复苏动力强劲

2021 年，我国宏观经济稳定恢复，发展韧性逐步显现。在新冠肺炎疫情防控稳定向好的形势下，主要宏观经济指标处于合理区间，以新产业、新业态、新模式为代表的新动能不断成长壮大，生产端和需求端逐渐得到改善。宏观经济增长势头良好，全年国内生产总值 114.37 万亿元，实现了 8.1% 的经济增速，连续两年成为全球主要经济体中工业生产恢复能力最强的国家。我国经济总量占世界经济比重超过 18%，经济增长对全球经济复苏产生正向溢出效应。综上，中国宏观经济呈现强劲复苏的运行特征，为海洋经济高质量发展提供了持续动力和坚实基础。

（二）支持政策全面协同发力

海洋经济在国家规划中的重要地位逐渐凸显。2021 年 3 月，"十四五"规划纲要对海洋经济进行了专章部署。《"十四五"海洋经济发展规划》对未来五年我国海洋经济工作的方向和重点任务进行了"分领域、分区域"的细化部署。此外，产业、财政、金融、对外贸易等方面的相关政策也不断出台，共同引导海洋经济创新、协调、绿色、开放、共享发展，全面助推海洋经济高质量发展迈上新台阶。

在产业政策方面，2021 年 5 月，国家发展改革委、自然资源部印发了《海水淡化利用发展行动计划（2021—2025 年）》（发改环资〔2021〕711 号），明确要以推进海水淡化规模化利用为目的，以提升科技创新与产业化水平为抓手，以完善政策标准体系为支撑，以加强组织协调与促进国际合作为保障，逐步提高海水淡化产业链、供应链水平，促进海水淡化产业可持续发展。2021 年 10 月，国务院印发了《2030 年前碳达峰行动方案》，指出要完善海上风电产业链，鼓励建设海上风电基地，探索深化地热能以及波浪能、潮流能、温差能等海洋新能源开发利用，在保障能源安全的前提下，大力实施海洋可再生能源替代，加快构建清洁低碳、安全高效的能源体系。

在财政政策方面，2021年3月，按照《财政部 农业农村部关于印发〈渔业发展补助资金管理办法〉的通知》（财农〔2021〕24号），通过采取先建后补、以奖代补、直接补助、贴息等支持方式，重点支持国家级海洋牧场建设、现代渔业装备设施改造、渔业绿色循环发展等，全面构建渔业发展新格局。2021年11月，财政部发布了《关于印发〈支持浙江省探索创新打造财政推动共同富裕省域范例的实施方案〉的通知》（财预〔2021〕168号），指出要遵循"资金跟着项目走"原则，采取积极支持新增债务限额、扩大有效投资补短板等措施，支持浙江省海洋强省建设，旨在为全国和其他省份海洋经济高质量发展提供示范和借鉴。

在金融政策方面，中国人民银行、国家发展改革委、证监会联合发布《绿色债券支持项目目录（2021年版）》，这是我国绿色债券的标准化文件。在此背景下，上海证券交易所、深圳证券交易所陆续出台《上海证券交易所公司债券发行上市审核规则适用指引第2号——特定品种公司债券（2022年修订）》《深圳证券交易所公司债券创新品种业务指引第1号——绿色公司债券（2022年修订）》等文件，明确了蓝色债券标识的运用，募集资金主要用于支持海洋保护和海洋资源可持续利用相关项目的绿色债券，其发行人在申报或发行阶段可以在绿色债券全程中添加"（蓝色债券）"标识，同时应在募集说明书中披露项目对海洋环境、经济和气候效益影响相关的信息。

在对外贸易政策方面，国务院关税税则委员会颁布了《2022年关税调整方案》《国务院关税税则委员会关于给予最不发达国家98%税目产品零关税待遇的公告》等文件，针对海产品、船舶制造、海洋科考等涉海商品，调整进出口关税税率、税目，旨在降低涉海企业的经营与贸易成本，支持构建海洋经济新发展格局。

（三）国际环境更趋严峻复杂

在全球新冠肺炎疫情持续蔓延的背景下，全球海洋安全形势错综复杂，多元合作格局和多边合作机制不断形成，百年变局加速演进。一方面，全球海洋安全形势依然严峻。地缘政治格局动荡复杂，海洋战略博弈不断向大洋、深海和极地等空间扩展；核污水排放、海洋酸化、海洋微塑料等生态问题时有发生，制约着海洋经济可持续发展。另一方面，各国在竞争与调整中催生深度合作。联合国"海洋十年"行动倡议正式启动，全球蓝色伙伴关系合作网络实现纵深推进；21世纪海上丝绸之路建设稳中有进，"海上丝路"沿线产业链、供应链弹性增强。此外，美国构建海洋"联盟体系"的同时实施"印太战略"，国际海洋形势中不稳定、不确定、不安全因素日益突出。

二、中国海洋经济发展现状

新冠肺炎疫情反复、地缘政治形势紧张等因素给我国经济带来了严峻挑战，面对这种局面，我国海洋经济表现出较强韧性，呈现出产业规模逐步扩大、产业结构持续优化、新兴产业蓬勃发展的态势，为国家经济的发展做出重要贡献。

（一）海洋经济发展再上新台阶

得益于我国新冠肺炎疫情的有效防控等诸多有利因素，2021年我国海洋经济总量突破9万亿元，达到了90385亿元，与2020年相比有较大增幅，增速高于国民经济0.3个百分点，扭转了2020年负增长的局面。从宏观经济来看，海洋经济总量对国民经济增长的贡献度达到8.0%，占沿海地区生产总值的15.0%，海洋经济发展潜力与韧性彰显。其中，海洋药物和生物制品业、海水淡化与综合利用业等新兴产业增势持续扩大；海洋能源供给力度不断增强，海洋油气产量稳定增长，海上风电累计容量跃居世界第一，潮汐能、波浪能等海洋能开发利用持续推进；滨海旅游业实现恢复性增长；海洋交通运输业和海洋船舶工业等传统产业也呈现较快增长态势。

（二）政策利好加速市场主体活力迸发

根据《"十四五"海洋经济发展规划》，我国海洋经济坚持依海富国、以海强国、人海和谐、合作共赢的发展道路，加快向高质量方向发展。《海水淡化利用发展行动计划（2021—2025年）》《"十四五"全国渔业发展规划》等一系列政策规划陆续发布，并在11个沿海省（市、自治区）中贯彻落实，海洋经济发展迈入新阶段。面对新冠肺炎疫情的挑战，相关部门出台了延迟缴纳海域使用金、增加供水及用电补贴等促进经济发展的激励措施，使经济市场快速恢复活力。海洋经济发展吸引力逐步增强，2021年新增涉海企业数量比2020年增长5.7%，资本也随之涌入，海洋经济主题股票指数——"蓝色100"的增幅达到了30.2%；全年共有52家涉海企业完成IPO，其融资规模较2020年增长了478.6%，高达853亿元。

（三）海洋新兴产业助力产业结构优化

海洋新兴产业发展势头强劲，2021年海洋药物和生物制品业、海水淡化与综合利用业、海洋电力业等新兴产业的发展取得了优异成果，产业增加值分别比上年增长了18.7%、16.4%和30.5%，增速明显高于传统海洋产业。同时，海洋传统产业转型升级步伐加快，海洋牧场现代化建设进程得到了稳定推进，截止到2021年末，我国已经创建了136个国家级牧场示范区；海洋船舶建造也逐步向低碳化发展迈进，绿色动力船舶订单占全年新接订单的24.4%。此外，智慧化港口建设工作有序展开，截至2021年底已完成33个自动化码头的建设，并分别在厦门、青岛、上海、深圳、日照、天津等8个港口城市投入使用。2021年，海洋第一、二、三产业增加值占海洋生产总值比重分别为5.0%、33.4%及61.6%。可见，海洋经济在不断发展过程中，产业结构持续优化。

（四）海洋能源供给保障能力进一步增强

海洋油气、海洋电力等海洋能源供给量大幅提高，为保障民生提供了坚实基础。随着深水油田群流花16-2、"深海一号"超深水大气田先后投入生产，2021年海洋原油和天然气产量同比去年皆有所上升，分别为6.2%和6.9%。其中海洋原油增量在全国原油增量中占领军地位，占比高达78.2%。此外，

2021 年我国实现海上风电新增装机容量 1448 万千瓦，同比增长 277%，截至 2021 年 12 月底，全国海上风电累计装机容量达 2535 万千瓦，同比增长 133%，"向海争风"正为东部沿海地区绿色低碳发展输送源源不断的"蓝色动力"。自"2020 年抗病毒海洋药品研发专项"启动后，靶点模型建设研究工作取得新进展并向全社会公开共享，加快了对抗病毒药品的筛选研究。"蓝色粮仓"供给能力也进一步增加，优质海产品的供应水平得到提高。为保障我国缺水地区的淡水资源供应，海水淡化规模持续扩大，天津、河北、山东和浙江等地陆续动工完成大型海水淡化工程的建设。

（五）海洋科技创新能力显著提升

海洋科技创新接连取得了重大突破，海洋产业链供应链国内保障能力不断提升。一方面，沿海地区相继试点"揭榜挂帅"机制，努力实现海洋科技创新和科技机制创新的并驾齐驱，释放海洋科技动力。针对海洋及相关研究领域创新的资本支持力度不断增强，海洋价值链、资源链和技术链深度整合的步伐加速。另一方面，自主技术创新能力显著增强，并获得了突破性进展。在海洋高端装备领域，首座浮式海上风电半潜式基础平台在浙江舟山装船下水，国内首艘 30 米级海上风电高速运维船正式开工，全球最大 140 米级海上风电打桩船正式入坞生产；在海上能源领域，广东省已建成我国自行研发的抗台风型浮式海上风能发电机系统，并进入行业应用阶段，我国首个"海上风电+储能"模式的海上风电场已完成建设并进入储能交付期；在海洋生物医药领域，体内植入用超纯海藻酸钠完成国家药品监督管理局药品审评中心（CDE）登记备案，标志着体内植入级海藻酸钠打破国外垄断，正式开启国产化之路。另外，海底高压主基站、海底光伏发电复合缆等相关领域的海洋新科技产品在与国际市场接轨的同时，已实现技术自给。

（六）对外贸易逐步形成新格局

新冠肺炎疫情反复与逆全球化浪潮等不确定性因素的叠加，给世界经济的发展带来了巨大挑战。得益于我国海洋经济固有韧性及利好的政策环境，海洋对外贸易逐渐恢复并得到了一定程度的发展。我国海洋支柱产业，如海洋交通运输业与海洋船舶工业竞争优势愈发明显，对外开放新格局朝向高层次阶段迈进。2021年，随着全球经济回暖，全球商品货物需求量激增，引发国际航运价格飙升，海运市场发展动向持续向好。我国的海洋交通运输业也因此发展迅速，沿海港口货运吞吐量和集装箱吞吐量分别为99.7亿吨和2.5亿吨标准箱，蝉联世界第一。同时，伴随着全球新造船市场超预期回升及我国造船技术更新换代，我国海船完工量、新承接海船订单量、手持海船订单量均得到了较大幅度提升，分别同比上升了11.3%、147.9%和44.3%。我国海运贸易发展势头仍然强劲，全年的海上运输进出口总额和主要产品进出口金额都取得了优异成绩，其中海上运输进出口总额较上年增长了22.4%，船舶出口金额达247.1亿美元，相比上年增长了13.7%，并且首次实现了海上风电的整机出口。

三、中国海洋经济发展面临的挑战

海洋经济作为我国建设海洋强国的重要支撑，其高质量发展仍然面临诸多挑战，集中体现在海洋科技资源不足、涉海金融支持力度有限和国际海洋形势严峻等三个方面。

（一）海洋科技自主创新能力仍需增强

一是海洋核心技术以及产业关键共性技术不足。例如，高端船舶与海工装备制造领域企业仍以装备组装工作为主，核心技术与关键配件的自主研发与生产能力亟须加强。海水淡化的核心技术有待突破，目前万吨级海水淡化工程尚需国外技术，反渗透膜组件、高压泵等核心组件的研发需要加强攻关，海水循环冷却的强制标准和海水冷却化学品环境安全评价体系尚需完善。二是产学研合作机制尚待完善。以海洋经济实力较强的山东省为例，全省科技成果中的基础性研究成果占大部分，仅小部分为应用性研究成果，科研成果与市场需求匹配度尚需提高，亟须建立企业需求与高校、科研机构研发合作一体化机制。三是海洋经济发展相关基础领域的研究水平仍需要进一步提高。例如，在海洋生物技术和药物领域，我国与国际先进研究水平尚有一定差距，因此也影响了海洋药物和生物制品业的发展。

（二）涉海金融精准服务有待提升

一是传统的银行融资业务较难满足涉海企业的融资需求。比如，海洋装备、造船以及养殖类企业规模较大，资金需求量较大，资金周转时间较长、风险较大，这使得规避风险、谨慎投资的银行难以对此类企业提供大规模、强力度的资金支持。二是融资机制与海洋产业的契合程度需要进一步提高。比如，专门针对海洋领域的风险分担以及补偿机制不健全，财政贴息以及风险担保措施需要进一步加强，银行等金融机构对涉海企业的资金支持需要进一步强化。再如，认识到发放债券等直接融资重要性的企业数量有限，海洋资源评估与交易体系的完善程度还有待提升。三是海洋保险对海上风险的保障功能需要提升。比如，涉海保险业务涉及领域较广，对定价、估损以及理赔等方面的技术方法要求较高，这就导致海洋保险发展相对缓慢。四是政策性引导资金的投入需要进一步加大。由于支持海洋经济发展方面的财政资金较为分散、规模较小，资金使用的聚合力较弱。

（三）国际海洋形势对我国影响深远

一是我国的海洋权益维护面临着错综复杂的形势。国际社会对海洋开发关注度提高，我国周边海域面临划界争端、岛礁归属争端、资源开发争端等问题，将对我国维护海洋权益、加快海洋资源开发进程带来更加严峻的挑战。二是沿海国家纷纷制定或调整海洋战略，以期在各自海洋利益的争夺中占据先机。进入 21 世纪，众多国家主要围绕海洋权益、海洋资源、海洋环境等方面纷纷出台新的政策。例如，美国全面实施"海洋安全战略"和"海洋科技战略"；英国实施"2050 海洋战略"；日本出台《海洋基本法》，以实现由"岛国"向"海洋国家"的战略转变；韩国实施"海洋强国战略"，通过实施"蓝色革命"以跻身海洋强国行列。

四、中国海洋经济发展趋势

2021 年，我国海洋经济"十四五"开局良好，经济总量再上新台阶，预计在政策利好、工业智能迅速发展等背景下，市场需求将进一步释放。我国海洋经济将继续贯彻新发展理念，以科技创新为重要手段，向高质量方向持续推进。

（一）海洋经济将继续向增量提质迈进

海洋经济总体发展加速向好，高质量发展态势明朗。经济增长内生动力逐渐恢复，我国经济增速总体平稳。这加速助推了我国海洋经济持续恢复性增长，为海洋经济向好发展奠定了坚实基础，海洋经济在国民经济中的地位和贡献将持续巩固。在新发展理念的指导下，2022 年我国海洋经济将以高质量发展为主题，牢牢把握住科技创新的核心地位，推动深水、绿色、安全、智能等海洋重点领域的核心装备和关键共性技术取得实质性进展，通过提高自主创新能力，全面提升海洋经济发展质量。

（二）绿色发展理念将引领海洋经济高质量发展

海洋经济的高质量发展需要坚持绿色发展理念，以促进海洋开发方式向循环利用型转化。2021 年，国务院批复同意印发的《"十四五"海洋经济发展规划》，再次强调了海洋经济的绿色低碳发展。为此，建立流域-河口-近岸的海洋环境污染防控联动机制将得到有效推进，通过海陆区域协同联动，减少污染物排放和生活垃圾海洋倾倒，进而减轻各沿海城市海洋环境治理压力，保护海洋生物多样性，实现海洋资源可持续性开发和利用。同时，海洋技术投入也将更合理地向海洋环境治理倾斜，积极利用高新技术，发展关键性技术，以先进的信息技术武装城市海洋管理力量和平台，综合提升海洋环境治理能力。与此同时，在"双碳"战略目标的引领下，大力发展"蓝碳"经济，不仅能够保护海洋生态环境，还能为海洋生态系统的修复和保护提供资金支持，从而促进海洋生态经济良性循环，顺利完成海洋经济的"碳达峰、碳中和"目标。

（三）涉海金融将成为海洋经济发展的重要推力

涉海金融已成为我国海洋经济发展的关键支持要素，同时具有优化资源配置、助力行业转型升级等多种功能。在近十多年里，我国海洋经济金融服务从供给总量的扩大，到产品多样化，再到金融服务科学化，佳绩累累。2018 年，中国人民银行等八部门联合颁布《关于改进和加强海洋经济发展金融服务的指导意见》，在此指引下，国内沿海省（区、市）纷纷把实施涉海金融写入各自发展的"十四五"规划中。未来，涉海金融体系将不断完善，金融对海洋产业发展的支持力度将持续加大，涉海行业的投融资服务将更加便捷化、专业化，涉海信贷、保险、基金、信托等金融服务将持续为海洋经济高质量发展提供不竭动力。同时，我国将依托亚洲基础设施投资银行、金砖国家开发银行和"丝路基金"等机构，加深国际涉海金融合作，进一步挖掘全球金融要素对海洋经济发展的撬动作用。

（四）数字经济将赋能海洋产业发展

"十四五"规划纲要将"加快建设数字经济"作为一项重要的发展内容，2021 年国家统计局发布的《数字经济及其核心产业统计分类》，进一步对数字经济做出了明晰界定。数字经济迎来政策东风，海洋经济也必将借此东风，掀起数字化转型浪潮。因此，海洋领域的数字经济基础设施，如海洋通信网络、海底数据中心、海底光纤电缆系统，必将走上快车道，成为海洋经济高质量发展的"压舱石"，其中海洋大数据平台等将成为短期内的重点建设对象。同时，数字经济在海洋领域中的发展应用势必会催生出新技术，赋能海洋产业快速发展。

（五）全球海洋治理将引领国际合作新趋势

"十四五"规划纲要指出，我国要深度参与国际海洋治理机制和相关规则的制定和实施，进一步发展蓝色伙伴关系，共建公正合理的国际海洋秩序。

我国倡议全球各国共建海洋命运共同体，号召全球各国共享海洋发展机遇、共破海洋发展难题、共蓄海洋发展动能，推动海洋经济的可持续发展。在新冠肺炎疫情得到有效控制的背景下，我国经济快速复苏，这将吸引跨国涉海企业来华设立分支机构，助力拓展海洋领域市场合作。此外，复苏后的中国经济将有条件大力开拓船舶、海工装备以及海洋工程建筑等领域的国际市场，建设国际国内枢纽，深化海洋经济相关产业的对外合作，构建全方位、多层次的对外投资保障体系，进一步拓展海洋积极对外合作发展新空间。

执笔人：赵　昕（中国海洋大学）

产业篇

1
海洋渔业发展情况

一、产业发展基本情况

2021年，我国海洋渔业稳步发展，实现增加值5297亿元，比上年增长4.5%。海水产品供应量持续增加，在提供优质动物蛋白和保障国家粮食安全方面继续提供重要支撑，全年海水产品产量达3387.3万吨，同比增长2.2%。其中，海水养殖产量2211.1万吨，同比增长3.6%；海洋捕捞产量951.5万吨，同比增长0.4%；远洋渔业产量224.7万吨，同比下降3.0%。海洋渔业产业结构持续优化，养殖捕捞比从2016年的58∶42提升到2021年的65∶35（图2-1-1）。

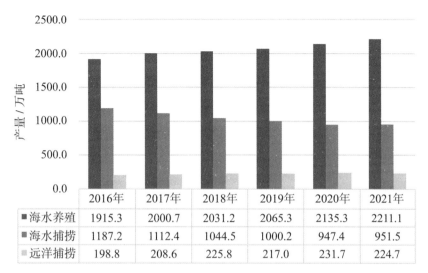

图 2-1-1　2016—2021 年我国海洋渔业产量情况
（资料来源：2016—2021 年数据来源于《2022 中国渔业统计年鉴》）

　　2015 年以来，农业农村部先后对外公布了六批国家级海洋牧场示范区名单，累计达到 136 个，海洋牧场建设与管理标准体系基本建立（表 2-1-1）。示范区主要集中在山东省、辽宁省、河北省、广东省和浙江省，五省示范区总数占总示范区的比重超过了 90%，形成了两种不同的发展模式。第一种是以山东省、辽宁省为代表的北方海洋牧场建设模式，主要以经营性海洋牧场为主，企业投资为主，政府提供政策支持或投资引导为辅，着力发展资源增殖型人工鱼礁，在改善海洋生态环境、修复渔业资源的同时，进行海珍品增殖，提升水产品质量，增加经济收入。另一种是以浙江省、广东省为代表的南方海洋牧场建设模式，主要以公益性海洋牧场为主，政府投资为主，由政府、科研院所、企事业单位共同参与，以修复海洋生态、增殖渔业资源为主要目的。随着资源养护力度的进一步加强，未来海洋捕捞产量将得到更有效的控制，同时，健康养殖、绿色养殖的理念将不断在渔业生产实践中得到加强。

表 2-1-1　国家级海洋牧场示范区名单与分布

地区	第一批	第二批	第三批	第四批	第五批	第六批	数量
	2015 年	2016 年	2017 年	2018 年	2019 年	2020 年	
山东省	6	8	7	11	12	10	54
辽宁省	4	5	5	5	5	8	32
河北省	3	4	3	1	3	3	17
广东省	2	2	4	3	3		14
浙江省	3	1	2			2	8
广西壮族自治区		1		1		2	4
海南省					1	1	2
江苏省	1		1				2
福建省				1			1
上海市		1					1
天津市	1						1
合计	20	22	22	22	24	26	136

资料来源：根据中华人民共和国农业农村部网站资料整理。

注：数据截至 2021 年 12 月 31 日。

二、产业发展主要特征

（一）涉渔政策陆续出台，谋划"十四五"海洋渔业发展

2021 年，农业农村部正式印发《"十四五"全国渔业发展规划》，明确将着力推进传统养殖、捕捞、加工等产业转型升级，高起点谋划、高标准发展深远海养殖、海洋牧场等新业态新模式，统筹推动渔业现代化建设。财政部、农业农村部印发通知，实施新一轮渔业发展支持政策，提出构建与渔业资源养护和产业结构调整相协调的新时代渔业发展支持政策体系。同时，国

家和沿海地方政府还从海洋渔业生物种质资源库布局、水产养殖绿色健康发展、养殖水域划定、渔业捕捞许可、远洋渔业高质量发展等方面积极出台了多项政策举措,助推海洋渔业高质量发展。

(二)水产种业加快振兴,水生生物资源养护进一步强化

为实现渔业种质资源自主可控,2021年农业农村部首次开展了水产养殖种质资源普查。我国投资规模最大、保存规模最大、设施最先进的国家海洋渔业生物种质资源库在青岛正式投入运行,致力于打造国际一流的国家水产种业共性关键技术创新中心、海洋渔业生物多样性保护中心及种质资源共享服务中心。海洋渔业资源养护补贴政策出台实施,对依法执行休渔制度的海洋捕捞渔船给予相应补贴,有助于引导渔民自觉遵守海洋伏季休渔等资源养护措施。海洋牧场建设与管理标准体系基本建立,我国首个海洋牧场建设的国家标准《海洋牧场建设技术指南》正式发布。

(三)海水养殖装备研发与应用取得新突破

近年来,我国海水养殖加速转型升级,随着新技术、新装备的蓬勃发展,海水养殖装备不断向生态、智能、深远海方向发展。2021年,国内第一艘海洋牧场养殖观测无人船成功海试并交付使用,助推海洋牧场智慧化发展。全潜式深海渔业养殖装备"深蓝1号"养殖的首批深远海大西洋鲑喜获丰收;大黄鱼深远海3000吨级中试船"船载舱养"系统建立,实现大黄鱼全程集约化高效养殖。延绳吊养牡蛎机械化采收设备研制成功,填补了我国牡蛎采收装备的空白。获评2021中国农业农村重大新装备的深远海大型管桩围栏养殖设施与装备,构建了斑石鲷、黄条鰤、许氏平鲉、半滑舌鳎和梭鱼等鱼类生态混养及斑石鲷、黄条鰤等经济鱼类的陆海接力养殖模式,年可养殖优质海水鱼1600～2000吨。

(四)远洋渔业发展水平与国际履约能力不断提升

2021年,国内最大远洋渔业运输辅助船"鲁荣远渔运898"顺利下水,有

利于优化远洋渔业自捕水产品运输市场化配置，促进远洋渔业规范有序高质量发展。我国正式部署实施公海自主休渔，首次实行公海转载观察员自主监管。首次派遣专业资源调查船开展公海渔业资源调查评估，稳步推进多双边合作，深入参与国际渔业治理。推动远洋渔业企业履约评估与支持政策挂钩，国际履约能力和水平不断提高。截至 2021 年底，180 多家远洋渔业企业、2600 多艘远洋渔船到太平洋、印度洋、大西洋、南极海域以及 40 多个合作国家海域作业。

（五）海洋渔业对外合作与交流成果丰硕

为推动水产养殖可持续发展，加强与太平洋岛国渔业合作，我国先后成功举办第四届全球水产养殖大会和首届中国—太平洋岛国渔业合作发展论坛，并通过了《促进全球水产养殖业可持续发展的上海宣言》和《首届中国—太平洋岛国渔业合作发展论坛广州共识》；与世界粮农组织（FAO）联合成立"全球水产养殖可持续发展联盟"。

三、产业发展趋势

（一）"大食物观"助推水产品消费升级

2017 年，习近平总书记在中央农村工作会议上指出："老百姓的食物需求更加多样化了，这就要求我们转变观念，树立大农业观、大食物观，向耕地草原森林海洋、向植物动物微生物要热量、要蛋白，全方位多途径开发食物资源。"2022 年全国两会上，习总书记再次指出，"要树立大食物观，从更好满足人民美好生活需要出发，掌握人民群众食物结构变化趋势"。随着人们生活水平的不断提高和物质条件的不断丰富，我国人民群众的食物消费结构不仅仅由"吃得饱"向"吃得好"转变，更重要的是要"吃得健康"。水产品作为居民摄取动物蛋白的重要来源，在大食物结构中占据十分重要的位置。"大食物观"的提出，对我国水产品生产供给和渔业发展提出了更多、更高的要求，深海鱼类成为受消费者青睐的水产品。伴随深海优质蛋白消费升级带来的新一轮战略机遇，以及海洋渔业新装备、新技术的不断突破，我国深远海养殖发展进入了前所未有的阶段，发展前景与市场空间广阔。

（二）深远海养殖发展势头正起

为推进水产养殖业绿色发展，促进海洋渔业转型升级，国家和福建、广东、山东、辽宁等沿海地区不仅在政策上积极谋划加大对深远海养殖的扶持与支持力度，同时还进一步加强力度推进深远海养殖鱼类育种、装备研发设计与制造以及绿色养殖试验区建设，积极推广高附加值品种深远海养殖模式，推动海洋渔业向绿色化、深海化、品牌化方向发展。随着我国一大批深远海养殖装备的交付使用，以及"深蓝1号""经海001号"等养殖平台的成功提网收鱼，我国深远海养殖成效不断显现，养殖规模也不断扩大，发展潜力不断释放，成为我国拓展蓝色发展空间、持续保持海洋渔业竞争优势、保障海产品高品质有效供给、多产业融合推进海洋经济高质量发展的重要领域。未来一段时期内，深远海养殖都将保持其强劲的发展势头，不断向规模化、智能化、高端化方向发展。

（三）渔业发展"蓝色转型"势在必行

2022年6月，FAO发布《2022世界渔业和水产养殖状况》，提出通过"蓝色转型"，推动水产食品系统可持续转型。"蓝色转型"重点在于实现水产养殖的可持续扩大和集约化，实现渔业的有效管理以及价值链升级。当前，全球生态系统退化、气候危机持续恶化、生物多样性丧失加剧等问题依然严峻，新冠肺炎疫情、国际地缘政治紧张以及逆全球化问题的出现更是对全球经济、环境和粮食安全等造成了不可忽视的压力和影响。水产食品在提供食物、营养和就业方面发挥着日益重要的作用，以可持续的方式生产水产品，对水产食品的生产、管理、贸易和消费方式开展"蓝色转型"，对于助力《2030年可持续发展议程》目标实现具有重要的意义。

执笔人：胡　洁（国家海洋信息中心）

2
海洋油气业发展情况

一、产业发展基本情况

近年来，全球海洋油气勘探开发步伐明显加快，海上油气新发现超过陆地，储产量实现稳步增长，已成为全球油气资源的战略接替区，全球海洋油气已逐步进入深水开发阶段。2020年，全球海上共发现油气田65个，合计可采储量14.4亿吨油当量，占全球新增总储量的74.6%。预计到2035年，全球海洋油气产量达18.65亿吨油当量，海洋原油9.54亿吨，海洋天然气10792.82亿立方米。

2021年，全球经济复苏，给油气产业带来利好。在油气价格大幅回升的驱动下，全球石油产量温和反弹。在保障国家能源安全、实现油气增储上产的总体要求下，我国加大了对海洋油气的勘探开发力度，全年海洋油气业实现增加值1618亿元，同比增长6.4%（图2-2-1）。

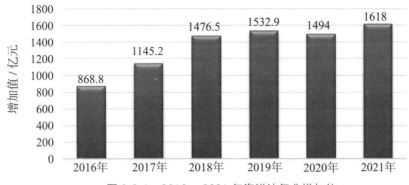

图 2-2-1　2016—2021 年海洋油气业增加值

（资料来源：2016—2019 年数据来源于《中国海洋经济统计年鉴 2020》，2020 年和 2021 年数据根据《2020 年中国海洋经济统计公报》《2021 年中国海洋经济统计公报》整理）

二、产业发展主要特征

（一）海洋油气增储上产持续发力

2021 年 10 月，习近平总书记考察调研胜利油田指出："石油能源建设对我们国家意义重大，中国作为制造业大国，要发展实体经济，能源的饭碗必须端在自己手里。"海洋油气企业加大油气勘探开发力度，加速新项目投产，产量持续增长。全年我国海洋原油产量 5486 万吨，同比增长 6.2%，占全国原油产量的 27.6%（图 2-2-2、图 2-2-3），其中海洋原油增量占全国总增量的 80%以上；海洋天然气产量 198 亿立方米，同比增长 6.5%（图 2-2-4）。

图 2-2-2　2016—2021 年海洋原油产量

（资料来源：2016—2019 年数据来源于《中国海洋经济统计年鉴 2020》，2020 年和 2021 年数据根据《2020 年中国海洋经济统计公报》《2021 年中国海洋经济统计公报》整理）

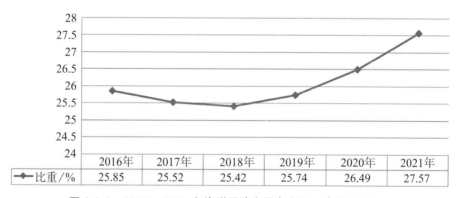

	2016年	2017年	2018年	2019年	2020年	2021年
比重/%	25.85	25.52	25.42	25.74	26.49	27.57

图 2-2-3　2016—2021 年海洋原油产量占全国原油产量的比重

（资料来源：2016—2019 年数据由《中国海洋经济统计年鉴 2020》和国家统计局数据计算而来，2020 年和 2021 年数据根据《2020 年中国海洋经济统计公报》《2021 年中国海洋经济统计公报》和国家统计局数据计算而来）

图 2-2-4 2016—2021 年海洋天然气产量

（资料来源：2016—2019 年数据来源于《中国海洋经济统计年鉴 2020》，2020 年和 2021 年数据根据《2020 年中国海洋经济统计公报》《2021 年中国海洋经济统计公报》整理）

　　海洋油气田勘探开发进展顺利。我国渤海发现垦利 10-2 大型油气田。流花 29-2 气田、涠洲 11-2 油田二期项目、旅大 29-1 油田纷纷投产。截至 2021 年三季度末，中海油已经投产项目 10 个（表 2-2-1）。深水海洋油气田开发取得新进展。我国自营勘探开发的首个 1500 米超深水大气田"深海一号"，在海南岛东南陵水海域正式投产，标志着我国海洋石油勘探开发进入"超深水时代"。2021 年，我国首个自营深水油田群流花 16-2 在珠江口盆地全面投产，水深 437 米。

表 2-2-1 2021 年中国海洋油气主要投产项目

项目名称	海域
曹妃甸 6-4 油田	渤海中西部海域
流花 29-2 气田	南海东部海域
陵水 17-2 气田	琼东南盆地北部海域
涠洲 11-2 油田二期	南海北部湾海域
旅大 29-1 油田	渤海辽东湾海域

续表

项目名称	海域
流花21-2油田	南海东部
旅大6-2油田	渤海辽东湾海域
渤中 26-3 油田扩建项目	渤海南部
秦皇岛-曹妃甸岸电工程项目	渤海中西部海域
渤中19-4油田综合调整项目	渤海南部海域

资料来源：中国海油集团能源经济研究院。

（二）海洋油气开发向绿色、智能化方向探索

为实现"双碳"目标，海洋油气业逐渐向绿色、智能化的低碳减排方向发展。2021年，渤海海域秦皇岛-曹妃甸油田群岸电应用示范项目成功投产，这是我国首个海上油田群岸电应用项目，也是世界海上油田交流输电电压最高、规模最大的岸电项目，是我国海上"绿色油田"开发的"新样板"，标志着我国海洋石油工业向绿色开发、高效开发、智能开发又迈出了历史性变革的一步。我国首个海上智能气田群——东方智能气田群全面建成，智能气田群项目由海上井口平台无人化、中心平台少人化改造以及陆上生产操控中心建设三部分组成，包含近百项改造项目，标志着海上油气生产运营迈入智能化和数字化时代。中国首个海上智能油田——秦皇岛32-6智能油田（一期）项目建成投用，该项目应用云计算、大数据、物联网、人工智能、5G、北斗等信息技术为传统油田赋能，实现流程再造，打造了一个现代化、数字化、智能化的新型油田。

三、发展趋势

（一）油气资源依然是能源安全的压舱石

自 2022 年 2 月俄乌冲突以来，全球油气价格暴涨，各国竞相争夺油气

资源。从能源安全的角度来看，我国是油气进口大国，随着国际油气价格的上涨，进口油气的成本将显著上升，从而消耗我国更多的外汇储备，因此油气业增储上产的决心不会动摇。据预测，2022 年，中国海洋油气产量将不断提升，预计原油产量同比上涨约 5.4%，天然气产量预计同比上涨约 6.7%。

（二）海洋油气勘探开发迈向深远海

长期以来，我国海洋油气勘探主要集中在浅水陆架区，但是随着近海油气资源的持续开发利用，剩余开采量下降较快。深远海油气储量丰富，将成为未来新的增长点。装备和政策助力深远海开发。"深海一号"等深远海油气勘探开发装备成功应用，我国海洋油气勘探开发正式迈向"超深水"。海南提出"十四五"时期将通过政策吸引民营企业和国际油气公司参与南海油气勘探开发，推动海洋油气勘探开发向深远海拓展。

执笔人：黄　超（国家海洋信息中心）

3
海洋电力业发展情况

一、产业发展基本情况

　　海上风电产业化发展起步于 20 世纪 90 年代初的欧洲。瑞典于 1990 年安装了第一台试验性海上风力发电机组，丹麦于 1991 年建成世界上第一个海上风电场Vindeby，并掀起"丹麦浪潮"。之后世界其他国家相继开展海上风电项目建设。截至 2021 年底，全球海上风电累计装机容量为 57.2GW，是 2011 年的 14 倍，占全球风电市场的 7%。其中，中国、英国和德国海上风电累计装机容量居全球前三（图 2-3-1）。

　　与英国、丹麦、德国等欧洲国家相比，我国海上风电虽起步较晚，但是后发优势明显。2021 年，全国海上风电新增吊装装机容量 1448 万千瓦，同比增长 277%；截至 2021 年 12 月底，全国海上风电累计吊装装机容量达 2535 万千瓦，同比增长 133%（图 2-3-2）。2021 年新增装机主要分布在江苏、广东、福建、浙江四省。

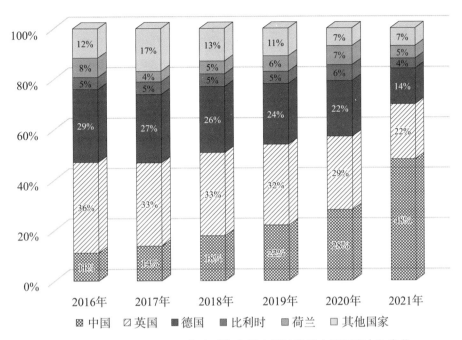

图 2-3-1 2016—2021 年全球海上风电累计装机主要国家占比变化

（资料来源：Global Wind Energy Council发布的 2016—2021 年度报告 *Global Offshore Wind Report*）

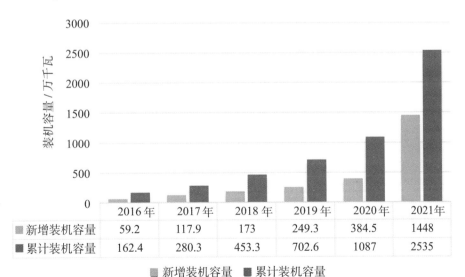

	2016年	2017年	2018年	2019年	2020年	2021年
新增装机容量	59.2	117.9	173	249.3	384.5	1448
累计装机容量	162.4	280.3	453.3	702.6	1087	2535

图 2-3-2 2016—2021 年我国海上风电吊装容量

（资料来源：2016—2020 年数据来源于《2020 年中国风电吊装容量统计简报》，2021 年数据来源于《2021 年中国风电吊装容量统计简报》）

二、产业发展主要特征

2021 年是海上风电行业有"国补"的最后一年，也是有史以来增长最快的一年。在此背景下，产业链各环节特征突出，呈现出上游扩产能、中游挤兑、下游抢装的特征。各沿海地区建设热情高涨，地方补贴陆续出台。海上风电行业在浮式风电、储能、安装运维等方面的技术再上新台阶，国内企业"走出去"步伐加快。

（一）海上风电掀起了并网热潮

财政部、国家发展改革委、国家能源局 2020 年联合发布的《关于促进非水可再生能源发电健康发展的若干意见》中指出，完成核准并于 2021 年 12 月 31 日前全部机组完成并网的存量海上风电项目，按相应价格政策纳入中央财政补贴范围。因此，在 2021 年"国补""关门"之前，海上风电掀起了并网热潮，2021 年全年共有 56 个海上风电项目并网。

（二）沿海地方政府积极规划，鼓励发展海上风电

尽管 2021 年是海上风电"国补"的最后一年，但是在双碳目标的大背景下，沿海地方政府积极布局海上风电。各省纷纷公布"十四五"发展目标，海南省明确到 2025 年海上风电开工规模达 120 万千瓦，浙江省计划到 2025 年海上风电装机超过 500 万千瓦，广东省计划到 2025 年底全省累计建成投产海上风电装机容量约 1500 万千瓦，江苏省计划到 2025 年海上风电新增约 800 万千瓦。两地区实现海上风电"零"突破，山东第一个海上风电场顺利并网运行，广西首个海上风电示范性项目开工建设。地方补贴政策接连出台，广东省明确了地方补贴的额度与规则，浙江省也出台了地方补贴的征求意见稿。

（三）海上风电机组技术持续进步

风电机组研发向大兆瓦方向发展。2021 年，国内首台深海 10 兆瓦海上风机吊装完成，具备完全自主知识产权的 11 兆瓦直驱海上风电机组成功下线，

单机容量亚洲最大 13 兆瓦海上永磁直驱风电电机研制成功。海上风机价格报价大幅下降，与去年相比，今年开标的海上风电项目风机报价最大降幅已超过 50%。但是也有专家表示，这种趋势并不一定是因为机组技术进步而带来的，部分企业为了抢占市场份额而低价竞争，几乎没有利润，甚至亏本，风机质量堪忧，技术创新才是降低成本的关键。

（四）海上风电施工运维压力缓解

从 2020 年开始，海上风电建设热潮涌起，海上风电施工运维设备供给凸显不足，2021 年建设密度更大，海工装备制造企业纷纷抢抓市场机遇，积极承接风电装备订单，全球海上风电安装船涌入我国市场，短缺局面逐渐缓解。为满足市场需求，施工运维新船型不断涌现。首座浮式海上风电半潜式基础平台在浙江舟山装船下水，国内首艘 30 米级海上风电高速运维船正式开工，全球最大 140 米级海上风电打桩船顺利下水，2200 T自航自升式海上风电安装平台开工建造。

（五）海上风电前沿领域实现新突破

海上风电在漂浮式基础、储能和产业融合发展领域不断取得突破。2021年，全球首台抗台风型漂浮式海上风电机组在广东阳江海上风电场成功并网发电，与我国首个漂浮式海上风电平台共同组成"三峡引领号"，单机容量5.5 兆瓦。国内首个海上风电配套储能项目进入储能交付阶段。全球首个风渔融合示范项目在福建取得新突破，漂浮式风电+深海养殖样机模型进入试验阶段。大船集团与中国科学院大连化学物理研究所、中国船舶集团风电发展有限公司、国创氢能科技有限公司四方签约，共推海上风电制氢/氨产业链，聚焦海洋绿色能源开发及利用。

（六）海上风电产业标准规范逐步完善

海上风电标准助力健康养护市场规范发展。国家能源局批准《风力发电场监控自动化技术监督规程》《风力发电机叶片检修规范》等337项风电标准。2021 年，国内首部《海上风电工程期风险评估指南》发布。国家能源集团龙源工程设计公司编制的《海上升压站钢结构设计、建造与安装规范》由中国电机工程协会正式发布实施，成为国内首部海上升压站综合类规范。

（七）海上风电产业链愈发完备

海上风电产业链不断实现强链、补链。2021 年，国内唯一国家级海上风电装备质检中心在阳江投入使用。由 62 家国字号科研机构、央企、上市公司和行业领军企业组成的"青岛海洋能源融合发展产业联盟"正式揭牌。山东省明阳高端海洋装备智能制造产业园项目开工，将新建大型海上风力发电机组智能制造中心、大兆瓦海上风力发电机组叶片生产与检测中心，为海上风电产业发展提供有力支撑。

（八）海上风电企业对外开放步伐加快

在满足国内市场需求的同时，国产机组设备和投资频繁进入欧亚海上风电市场。2021 年，广东省电力设计研究院签下越南最大海上风电项目设计合同。三峡集团英国 Moray 海上风电项目首台风机成功吊装。明阳智能斩获意大利地中海首个海上风电项目。我国最大境外总承包海上风电项目在越南全容量投运。明阳智能在欧洲和日本都签署了海上风电整机订单。

（九）波浪能技术实现新突破

2021 年 7 月，我国装机功率最大的"长山号"波浪能发电装置完成现场测试。国家海洋技术中心在广东省珠海市万山岛海域对目前我国自主研发的装机功率最大的波浪能发电装置——"长山号"，开展了功率特性和电能质量特性现场测试与分析评价工作。"长山号"是我国目前装机功率最大的波浪能发电装置，它的成功运行标志着我国波浪能开发利用技术已处于国际先进水平。

三、产业发展趋势

（一）海上风电成本将不断下降

十年来，随着海上风电技术研发突破、规模经济提升，项目建设成本总体呈下降态势。2010年，102兆瓦东海大桥海上风电场总投资23.7亿元，单位成本为2.3万元/千瓦。2011—2020年海上风电场建设的单位成本大部分在1.5万元/千瓦~2万元/千瓦。进入"十四五"以来，单位成本进一步降低，一些海上风电机组及塔筒价格跌下4000元/千瓦，海上风电项目的单位成本低于1.5万元/千瓦，2022年1月开标的山东能源500兆瓦海上风电项目的单位成本逼近1.1万元/千瓦。海上风电将逐渐进入平价时代。

（二）海上风机容量将持续提升

随着市场需求提高，海上风电机组研发力度持续加大，新型更大功率的机组逐渐替代小功率机组。我国5.0兆瓦以上机组逐渐增多，2020年占比接近30%，其中7兆瓦以上的机组在加速布局，2020年比2019年增长了5倍多。目前全球领先风电机组厂商陆续推出大容量风机，如明阳智能、维斯塔斯、西门子歌美飒这些厂商均已推出10兆瓦以上的风机，14兆瓦以上机组预计将在2024年进行量产。

（三）风电场建设逐渐深远海化

近海是海洋开发利用最密集的区域，也是用海需求和矛盾最集中的区域。海上风电场建设一直向着水深更深、离岸更远发展。2001—2020年，全球单个项目的平均水深由7米提高到38米，平均离岸距离由5千米延伸到30千米。深水远岸必然要求建设浮式风电场。2021年，我国首个漂浮式海上风电平台已并网成功。漂浮式基础技术将成为走向深远海的利器。

执笔人：黄　超（国家海洋信息中心）

4
海水淡化与综合利用业发展情况

一、产业发展基本情况

为保障水资源安全，近年来我国海水淡化与综合利用业发展支持力度不断增强，海水利用规模明显增长。截至 2021 年底，全国现有海水淡化工程 144 个，工程规模 1856433 吨／日，新建成海水淡化工程规模 205350 吨／日；年海水冷却用水量 1775.07 亿吨，比 2020 年增加了 76.93 亿吨。2021 年，我国海水淡化与综合利用业继续保持稳步发展态势，天津、山东、江苏等省（市）研究制定支持海水利用的政策措施，天津海水淡化产业（人才）联盟、胶东经济圈海水淡化与综合利用产业联盟和山东省海水淡化利用协会相继成立，促进海水利用产业在沿海地区进一步集聚发展。新发布海水利用标准 16 项，包括国家标准 11 项、行业标准 4 项、地方标准 1 项。

二、产业发展主要特征

（一）淡化工程规模与日俱增

为解决城市淡水资源问题，山东、天津、河北等沿海地区积极推动大型海水淡化工程建设。山东威海于 2021 年 6 月建成威海电厂 3 万吨 / 日海水淡化工程，山东滨州于 2021 年 10 月建成鲁北高新区一期 5 万吨 / 日海水淡化工程；天津滨海新区南港工业区一期 15 万吨 / 日海水淡化项目于 2021 年 7 月启动，河北唐山港经济开发区 10 万吨 / 日海水淡化项目于 2021 年 7 月进行桩基施工，山东青岛积极推进百发二期 10 万吨 / 日海水淡化项目，山东烟台龙口裕龙岛 18 万吨 / 日海水淡化项目完成用地审批，山东烟台万华化学 20 万吨 / 日海水淡化项目发布土方工程招标公告。同时，全国最大规模海水淡化示范基地落地天津。自然资源部天津临港海水淡化与综合利用创新研发基地一期中试实验区已成功通过联合验收，标志着天津港保税区海水淡化产业再增新载体，海洋经济赋予区域发展强劲动力。

（二）科技创新取得累累硕果

2021 年，海水淡化与综合利用业科技创新步伐继续加快，各科研团队不断攻坚克难，全年创造科技成果众多，逐步缩短与国际最先进海水淡化技术的差距。北京理工大学研究团队以具有规整贯穿纳米孔道的二维COFs薄膜为基础，通过引入竞争性可逆共价键合策略，实现了孔道大小和孔内亲疏水环境随深度梯度变化的COFs薄膜的制备，该分离膜实现了超高通量海水淡化。武汉大学研究团队受芦苇叶启发，设计了纳米纤维气凝胶以实现耐盐的太阳能海水淡化，并于*ACS Nano*期刊在线发表了相关研究成果。山东海阳核电厂水热同产同送示范项目获得海阳核电工程验证，该示范项目采用的可大规模应用的"零能耗"海水淡化和零碳供热技术，对我国北方沿海地区实现零碳供热并提供淡水资源具有十分重要的意义。杭州水处理浙石化海水淡化项目入围国际环保平台（GWI）"2021全球水奖"，意味着中国最先进的海水淡化技术得到国际水务行业的认可，标志着我国海水淡化技术正大步迈向国际化。

（三）产业发展政策环境持续优化

政策环境持续优化，助力海水淡化与综合利用业加速发展。2021年5月，国家发展改革委、自然资源部联合印发实施《海水淡化利用发展行动计划（2021—2025年）》（发改环资〔2021〕711号），从推进海水淡化规模化利用、提升科技创新和产业化水平、完善政策标准体系、保障措施等方面，对"十四五"海水淡化利用发展做出了安排。2021年，水利部联合国家发展改革委、住房城乡建设部起草完成《节约用水条例（草案）》，设海水淡化专门条款。我国主导的首项海水淡化国际标准《海洋技术——反渗透海水淡化产品水水质——市政供水指南》于2021年9月29日正式发布。该标准的发布实施，将规范和简化海水淡化产品的水质检测，确保管线和码头用水安全。该标准是世界卫生组织（WHO）《饮用水质量标准》的必要补充，对发展中国家安全使用海水淡化水尤其重要。

（四）专项金融支持力度不断加大

为加强海水淡化与综合利用业发展资金保障，发挥财政专项资金及政府投资基金的引导作用，各沿海地区纷纷加大金融支持力度。山东省海洋局与山东省财金集团、中铁建发展集团签署战略合作协议，拟设立规模50亿元的"山东省海水淡化产业发展基金"，支持山东海水淡化项目、海水淡化产业链及配套设备生产。

（五）产业宣传强度范围有所增加

虽然海水淡化规模持续扩大，但是大众对海水淡化与综合利用仍然不甚了解，各地正在不断尝试加大宣传力度。山东省为培养海洋人才，振兴海洋文化，提升全民海洋意识，增强海洋软实力，由山东省大中小学海洋文化教育研究指导中心发起了"探秘神奇海洋——青岛海水淡化工厂"云端学习活动，共有来自德州、青岛等地的 100 余所小学的 1 万多名学生参与，是全国最大规模的海洋教育进校园、进课堂的云端学习活动。

三、发展趋势

海水淡化与综合利用业保持着稳步发展的节奏，海水淡化工程规模持续增长，业内科技成果众多，金融等相关政策支持力度不断加大，推动产业加速迈向高质量发展新阶段。但是 2021 年，受新冠肺炎疫情持续影响，许多工业企业未恢复到疫情前的生产水平，导致海水供水需求没有出现大幅反弹，供水量与 2020 年基本持平。此外，由于煤炭价格的剧烈变化，采用热法工艺的海水淡化企业制水成本急剧增加，加之电力市场改革的推进，之前部分支持海水淡化企业的循环经济补贴政策没有了，企业经营成本进一步上升，从而导致全年经营出现亏损。虽然许多企业通过技术改进途径寻求成本降低，同时各级政府纷纷出台产业扶持政策，但是海水淡化与综合利用业仍然面临着许多挑战。

执笔人：徐莹莹（国家海洋信息中心）

5
船舶与海工装备制造业发展情况

一、产业发展基本情况

（一）海洋船舶工业方面

2021 年，全球经济缓慢复苏，带动了航运市场回暖，克拉克森数据显示，全年全球海运贸易量增长 3.4%，总量达到 120 亿吨，已恢复到新冠肺炎疫情前的水平。集装箱海运需求更加旺盛，甚至出现"一箱难求"的罕见景象。快速回暖的航运市场增强了船东下单的信心，使得 2021 年全球新造船市场活跃起来。与此同时，国际海事组织（IMO）等陆续出台了对航运、船舶的绿色低碳新规则规范，推动了老旧船舶运力的加速更新。全年全球新接船舶订单量达到12461.3 万载重吨，同比增长 110.0%，创下 2013 年以来新高。面对有利的市场环境，我国海洋船舶工业抓住有利时机，实现了"十四五"开门红。

2021 年，我国海洋船舶工业增加值达 1264 亿元，比上年增长 7.7%。造船完工量、新承接订单量、手持订单量分别为 3970 万载重吨、6707 万载重吨和手持船舶订单 9584 万载重吨（表 2-5-1），与上年相比分别增长 3.0%、131.8%和34.8%。其中，全年新承接海船订单、海船完工量和手持海船订单分别为 2402

万修正总吨、1204 万修正总吨和 3610 万修正总吨，分别比上年增长 147.9%、11.3% 和 44.3%。

表 2-5-1 2016—2021 年我国三大造船指标

年份	造船完工量 / 万载重吨	新承接订单量 / 万载重吨	手持订单量 / 万载重吨
2016	3532	2107	9961
2017	4268	3373	8723
2018	3458	3667	8931
2019	3672	3907	8166
2020	3853	2893	7111
2021	3970	6707	9584

资料来源：中国船舶工业行业协会。

出口方面，完工出口船 3593 万载重吨，同比增长 4.9%；新接出口船订单 5936 万载重吨，同比增长 142.8%；12 月底，手持出口船订单 8453 万载重吨，同比增长 29.6%。出口船舶分别占全国造船完工量、新接订单量、手持订单量的 90.5%、88.5% 和 88.2%（表 2-5-2）。

表 2-5-2 2016—2021 年我国出口船舶情况

年份	完工出口船		新接出口船订单		手持出口船订单	
	运力 / 万载重吨	占造船完工量比重 / %	运力 / 万载重吨	占新接订单比重 / %	运力 / 万载重吨	占手持订单比重 / %
2016	3345	94.7	1627	77.2	9224	92.6
2017	3944	92.4	2813	83.4	7868	90.2
2018	3164	91.5	3205	87.4	7957	89.1
2019	3353	91.3	2695	92.7	7521	92.1

续表

年份	完工出口船		新接出口船订单		手持出口船订单	
	运力/ 万载重吨	占造船完工 量比重/%	运力/ 万载重吨	占新接订单 比重/%	运力/ 万载重吨	占手持订单 比重/%
2020	3425	88.9	2445	84.5	6521	91.7
2021	3593	90.5	5936	88.5	8453	88.2

资料来源：中国船舶工业行业协会。

放眼全球，2021 年我国造船完工量、新接订单量、手持订单量继续保持全球领先，以载重吨计分别占世界总量的 47.2%、53.8% 和 47.6%，与 2020 年相比分别增长 4.1、5.0 和 2.9 个百分点（表 2-5-3）。其中，新接订单量增幅高于全球 20 个百分点以上，实现 2019 年以来全球接单量"三连冠"。

表 2-5-3　2019—2021 年中、日、韩三国造船三大指标占全球份额

年份	造船完工量全球占比/%			新接订单量全球占比/%			手持订单量全球占比/%		
	中国	韩国	日本	中国	韩国	日本	中国	韩国	日本
2019	37.2	33.0	25.1	44.5	36.1	17.2	43.5	28.9	22.1
2020	43.1	27.3	25.2	48.8	41.4	7.0	44.7	33.9	17.3
2021	47.2	29.3	20.1	53.8	32.6	10.3	47.6	33.3	15.3

资料来源：克拉克森研究数据库，并根据中国的统计数据进行了修正。

注：本表比重以载重吨计。

（二）海工装备制造方面

2021 年全球海工市场随着能源价格的回升出现了回暖迹象。全年全球共完工交付海洋工程装备超过 200 艘/座，新接订单金额突破 100 亿美元。这一年我国海工装备交付订单金额、新承接订单金额、手持订单金额继续保持领跑全球，分别为 76 亿美元、54 亿美元和 286 亿美元，分别占全球总量的 46.3%、40% 和 44.5%（图 2-5-1）。

图 2-5-1　2016—2021 年全球海工装备三大指标情况
（资料来源：克拉克森研究数据库）

二、产业发展主要特征

（一）高技术船舶和绿色动力船舶研发建造取得新突破

落实国家近年来提出的发展高技术船舶的任务要求，同时顺应全球绿色低碳转型趋势，我国造船企业加快科技创新步伐，2021 年在高技术船舶和绿色动力船舶研发建造方面取得了新的进展。氨燃料动力超大型油船、9.3 万立方米超大型绿氨运输船、国内首套船用氨燃料供气系统等研发工作有序推进。15000 标准箱（TEU）及以上超大型集装箱船新接订单量占全球份额的 49.6%。全球最先进民用医院船、全球最大火车专用运输船等高端船舶海工产品实现交付。首艘国产大型邮轮顺利实现坞内起浮的里程碑节点。造船企业全年新接订单中绿色动力船舶占比达到 24.4%，23000 标准箱双燃料集装箱船、5000 立方米双燃料全压式液化石油气（LPG）运输船、99000 立方米超大型乙烷运输船顺利交付船东。21 万吨液化天然气（LNG）动力散货船、7000 车双燃料汽车运输船、甲醇动力双燃料MR型油船等订单批量承接。

（二）LNG装备取得新突破

随着天然气成为全球主要能源，天然气运输需求拉动着LNG船市场需求的提升。而LNG船是当今建造难度最大、技术要求最高、附加值最高的海洋装备之一，很长一段时间内由日本和韩国垄断。近年来，我国陆续攻克LNG船技术难题，开始承接LNG船订单。2021年，我国海上LNG产业又添重器，我国第一座17.4万立方米浮式液化天然气储存再气化装置（LNG-FSRU）建造完成，标志着我国船舶公司在高端海洋LNG装备的研发设计建造上取得重大突破，实现了与国际市场同类最新设备的同步。由中集安瑞科旗下南通中集太平洋海洋工程有限公司建造的全球最大2万立方米LNG运输加注船顺利交付。由中国船舶集团有限公司旗下互动中华造船有限公司与法国GTT公司联合研发的全球最新一代"长恒系列"17.4万立方米LNG运输船获得美国船级社（ABS）、法国船级社（BV）、英国劳氏船级社（LR）、挪威船级社（DNV）四家国际船级社认证。

（三）造船企业国际竞争力进一步增强

2021年，我国骨干造船企业国际竞争能力增强，各有6家企业分别进入世界造船完工量、新接订单量和手持订单量前10强。特别是我国船舶工业的龙头企业——中国船舶集团，2021年完工交船1708.1万载重吨，新承接订单2598.4万载重吨，手持订单4195.3万载重吨，不仅超额完成年度指标，而且三大造船指标分别占全球份额的21.5%、20.2%和20.5%（以载重吨计），位居全球各造船企业之首。其中经营承接合同金额比年度计划指标翻了一番，创下自2008年以来的最新纪录。

（四）劳动力资源和高技术人才不足的问题凸显

2021年，新船订单量大幅度增长，生产任务饱满，加大了骨干船厂对熟练劳务工的需求，加剧了用工紧张问题，特别是电焊等关键工种的熟练工的流动性大幅上升，增加了安全生产的不稳定性。此外，随着各国船厂都在加速推进船舶产品绿色转型发展，我国船舶企业设计部门和研究院所在高技术领军人才、研发设计人员以及专业技术人员数量方面储备明显不足，引领市场的新产品难以及时推出，劳动力资源不足与船企发展需求的矛盾仍然突出。

（五）成本上涨过快压缩船企盈利空间

2021年，国际大宗商品价格剧烈波动，推动原材料价格持续上涨，主要规格造船板、电缆、油漆等船用物资分别比年初上涨14%、20%和50%。船用主机、曲轴、螺旋桨等关键船用配套设备普遍上涨25%左右。全年人民币兑美元汇率有贬有升、双向波动，小幅升值2.3%，两年累计升值超过8%。在原材料价格全面上涨与人民币的升值双重挤压下，造船企业盈利空间大幅缩小，全年实现利润总额仅16.6亿元，同比下降5.3%，主营收入利润率仅为0.6%，与上游的钢铁行业和下游的航运行业形成巨大反差。

（六）新冠肺炎疫情加大产业链供应链安全稳定压力

2021年，受国内外疫情持续作用，进口船用主机、关键配套设备物流成本和运输周期大幅增加，运输时间明显延长，配套产品无法按时到厂。此外，因2021年国内出现区域性新冠肺炎疫情以及部分地区停电限电措施使得部分配套设备企业暂时性停工停产，造成船用舾装件、大型铸锻件、活塞等关键设备供应紧张。另外，商务交流沟通、设备安装调试、船舶试航交付等活动因外籍人员入境困难而难以正常开展，给企业生产经营带来很大挑战。

三、产业发展趋势

（一）船舶工业开启新一轮发展周期

船舶工业具有明显的周期性，主要与船舶寿命有关。从船舶生命周期来看，船舶的平均寿命为20～30年。而船舶建造时间较长，一般需要2年，当新一轮造船需求暴发，船舶交付量会呈现一个较长的上行增长周期，时间长度往往为10年左右。上一轮全球新造船交付高峰是2003—2011年，按照船龄推算，2023—2038年将是船舶行业新一轮上升周期。由于新冠肺炎疫情的暴发，影响了全球航运市场的正常运行，运力出现紧缺，集运市场甚至出现"一箱难求"的罕见景象，航运市场的行情传导至造船市场，以集装箱船为代表的新增需求大增，新船订单量价拐点提前到了2021年。此外，全球碳减排的环保要求也加速了新一轮的换船周期。

（二）海工装备市场需求呈多点开花之势，高质量发展潜力无穷

当前我国正在加快建设海洋强国，经略海洋，必须装备先行。随着我国海洋资源开发深度和广度的不断拓展，对海洋工程装备的需求也在不断更新。近年来，我国海上风电产业迅猛发展，2021年我国海上风电新增并网容量1690万千瓦，同比增长452.0%，由此也产生了大量海上风场的施工和运维装备需求。此外，随着深远海资源开发能力的提升和海洋新产业新业态的不断发展与萌发，深海养殖装备、浮式风电装备、海水淡化装备、海洋休闲旅游装备等新型海洋工程装备的需求也在不断增长。未来海洋工程装备将不再以油气装备为主体，正呈现多点开花之势。

（三）船舶与海工装备制造业绿色环保、去碳化发展已由趋势转变为现实需求

从国际来看，船舶航行所带来的环境污染问题受到国际社会的高度关注，为此国际海事组织（IMO）不断制定和出台各项防止船舶污染环境的强制性规定，零碳船舶已经从未来趋势变成现实需求。目前世界主要船舶动力企业正在加快使用液化天然气、氨气、甲醇、氢气、电力等零碳或低碳燃料的船舶主机研发和产业化应用，以明显降低船舶在使用过程中的碳排放。以往主要在小型特种船领域应用的新型能源动力，不断向集装箱船、油船、散货船、汽车运输船等常规船舶领域扩散，新造船市场需求迅速转向绿色船舶，新造船订单中，双燃料或清洁燃料船舶占比逐步扩大。从我国来看，"碳达峰、碳中和"目标的提出，对船舶与海工装备制造业产品绿色化、生产制造过程绿

色化提出了更高要求。2021 年工信部发布《"十四五"工业绿色发展规划》，将船舶、海工装备纳入其中。

（四）船舶与海工装备制造业正加快向数字化、智能化方向发展

随着现代科技的发展，特别是以计算机为基础的云计算、大数据、物联网、人工智能等技术的快速发展，全球迎来数字化、智能化时代。顺应时代发展，国际上的造船大国已将船舶数字化、智能化制造作为重要发展方向。在我国，为了响应《中国制造 2025》和建设海洋强国的战略目标，船舶与海工装备制造业也在推进向数字化、智能化转型和发展。2019 年工信部等联合印发的《智能船舶发展行动计划（2019—2021 年）》（工信部联装〔2018〕288 号）客观、科学地判断了我国船舶制造业总体仍处于数字化制造起步阶段，对我国造船业数字化、智能化发展存在的突出问题进行了详细分析，并提出推进我国船舶工业数字化、智能化发展的重点任务。2021 年工信部印发的《"十四五"信息化和工业化深度融合发展规划》提出，聚焦优化提升船舶设计、研发、生产、管理到服务的全链条质量效益，以网络化协同和服务化延伸为切入点，从设计协同化、制造智能化、管理精益化、融资在线化、产品服务化等方向进行数字化转型。由此来看，与新一代信息技术的深度融合，是船舶和海工装备制造业未来发展成为先进制造业的重要路径。在当前国内外市场环境和政策环境下，我国船舶和海工装备制造业要围绕产业数字化转型、智能化升级开展改革创新，确保在日益加剧的市场竞争中保持优势地位。

执笔人：朱　凌（国家海洋信息中心）

6
海洋交通运输业发展情况

一、产业发展基本情况

2021 年，国内外经济显著回暖，我国海洋交通运输业总体呈现恢复增长、稳中有进态势，增加值达 7466 亿元，同比增长 10.3%（图 2-6-1）。我国海洋运输在保障国际国内经济贸易畅通过程中发挥了重要作用，全年海洋货物运输量同比增长 6.6%（图 2-6-2）；沿海港口完成货物吞吐量 99.7 亿吨，同比增长 5.2%（图 2-6-3）。

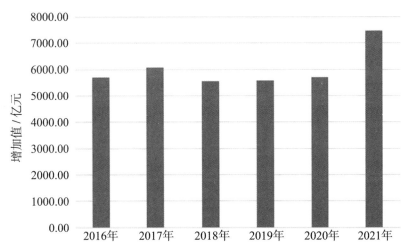

图 2-6-1 2016—2021 年海洋交通运输业增加值走势

（资料来源：2016—2019 年数据来源于《中国海洋统计年鉴 2020》，2020 年数据来源于《2020 年中国海洋统计公报》，2021 年数据来源于《2021 年中国海洋统计公报》）

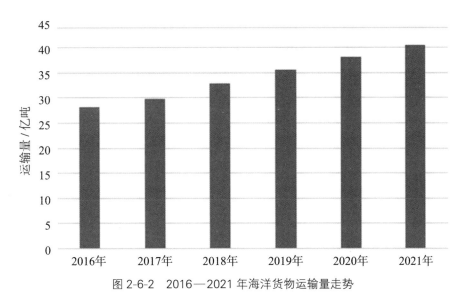

图 2-6-2 2016—2021 年海洋货物运输量走势

（资料来源：2016—2019 年数据来源于《中国海洋统计年鉴 2020》，2020—2021 年数据来源于交通运输部官网）

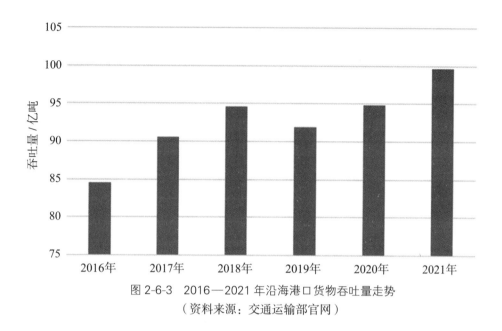

图 2-6-3　2016—2021 年沿海港口货物吞吐量走势
（资料来源：交通运输部官网）

二、产业发展主要特征

（一）远洋运输市场波动剧烈

2021 年，国际海运贸易需求增长，克拉克森数据显示，全球海运贸易量增长 3.6%；全年我国海运进出口总额增长 22.4%。受防疫政策、港口拥堵、船员换班等影响，全球运力投放降低，克拉克森数据显示，2021 年全球船队运力增速低于近 10 年来的平均增速；交通运输部数据显示，我国远洋运输船舶数量比上年减少 6.5%，净载重量比上年减少 10.8%。加之燃油、人力及疫情防控等运行成本攀升，海运整体运价进一步攀升，但各细分市场具体态势差异显著。

1. 干散货运输市场强劲复苏

全球经济和工业制造生产大力提振大宗散货需求，克拉克森数据显示，2021 年，全球干散货海运贸易量同比增长 4.0%。在产能压减、房地产低迷等因素共同作用下，我国铁矿石进口量减少，国内煤炭市场供需紧张带动煤炭进口量增长。在港口拥堵等因素影响下，船舶运力紧张，运价大幅上升。

全年，波罗的海干散货运价指数均值同比增长 172.6%，中国远东干散货综合运价指数平均值同比上涨 138.2%（图 2-6-4）。

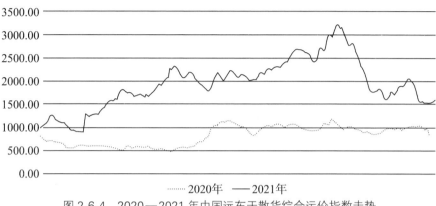

…… 2020年 —— 2021年

图 2-6-4　2020—2021 年中国远东干散货综合运价指数走势

（资料来源：Wind数据库）

2. 原油市场低迷

在主要产油国控制产能、消费国释放战略储备等影响下，国际原油运输需求不足，克拉克森数据显示，2021 年全球原油海运量增长 0.85%，基本与上年持平，国际原油运价低位运行。在上年大幅原油进口及"双碳"政策限制石化类能源等使用的影响下，我国油品贸易疲软。全年，波罗的海原油运价指数均值同比下降 10.2%，中国进口原油运价指数均值同比下跌 49.5%（图 2-6-5）。

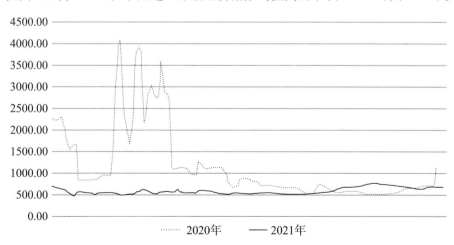

…… 2020年 —— 2021年

图 2-6-5　2020—2021 年中国进口原油运价指数走势

（资料来源：Wind数据库）

3. 集装箱市场火热

全球经济复苏，全球集装箱海运需求快速增长，克拉克森数据显示，2021年全球集装箱海运量同比增长5.8%。美国消费需求的快速增长成为我国国际集装箱运输增长的主要动力，数据显示，2021年我国发往美国的集装箱数量同比增长22%，占到亚洲发往美国集装箱总量的60%。加之港口拥堵、集疏能力短缺、集装箱周转缓慢、货代终端加价等多重因素影响，集装箱海运价格保持高位运行（图2-6-6）。全年，中国出口集装运价指数均值增长165.7%，美西航线运价均值上涨104.1%。此外，我国在世界集装箱市场占有率超过95%，为缓解全球集装箱短缺贡献了重要力量。中国集装箱行业协会数据显示，2021年我国生产国际海运标准集装箱累计超过560万标准箱，达到疫情前平均生产水平的2.5倍。

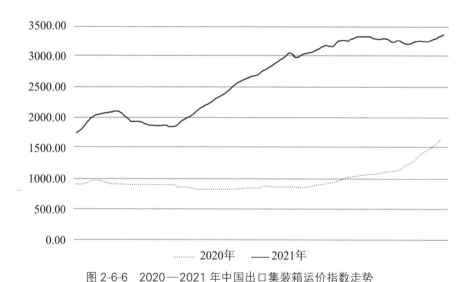

图2-6-6　2020—2021年中国出口集装箱运价指数走势

（资料来源：Wind数据库）

（二）沿海运输平稳增长

2021年，我国沉着应对百年变局和新冠肺炎疫情，企业生产经营、国内消费迅速恢复，全年国内生产总值同比增长8.1%。交通运输部数据显示，年末我国沿海运输船舶数量同比增长5.2%，净载重吨同比增长12.1%，集装箱箱位同比增长 2.5%，国内沿海运输整体稳中有进。

1. 干散货运输市场向好

受煤炭供给紧张、库存下降、煤价上升等因素影响，航运需求高涨，交通运输部数据显示，2021 年，北方港口煤炭下水量同比增长 3.0%。受局部新冠肺炎疫情散发、船舶内外贸兼营等因素影响，运力供给偏紧，船队运营效率较上年略微下降，上海国际航运研究中心数据显示，2021 年，国内主要干散货运力规模较上年下滑 0.47%。运价整体呈上行走势，全年中国沿海散货运价综合指数均值同比上涨 25.7%（图 2-6-7）。

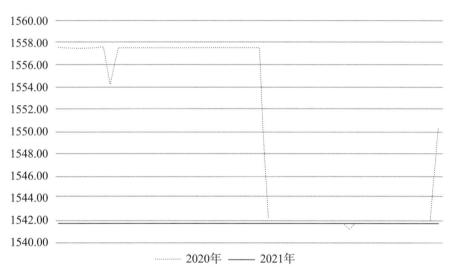

图 2-6-7　2020—2021 年中国沿海散货运价综合指数走势
（资料来源：Wind数据库）

2. 油品市场平稳

受原油进口和国内中转需求下降影响，国内原油运量下降。受国际原油价格影响，国内成品油市场消费回升。交通运输部数据显示，2021 年沿海省际原油运输量下降 3.4%，成品油运量增长 3.8%。运力供给方面，交通运输部数据显示，截至 2021 年底，全国沿海省际运输油船运力同比放缓 1.9 个百分点，全年沿海原油运价指数均值同比微跌 0.6%（图 2-6-8），沿海成品油运价指数平均值同比下跌 7.5%（图 2-6-9）。

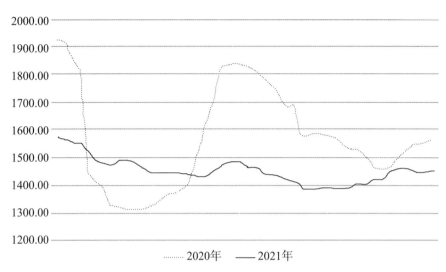

图 2-6-8 2020—2021 年中国沿海原油运价指数走势
（资料来源：Wind数据库）

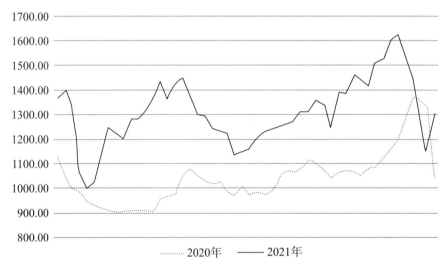

图 2-6-9 2020—2021 年中国沿海成品油运价指数走势
（资料来源：Wind数据库）

3. 集装箱市场走高

2021 年，我国加快构建以内贸为主体的双循环发展格局，促进了国内生产、消费升级，沿海集装箱运输量同比增长约 3%。运力供给保持稳定，交通运输部数据显示，截至 2021 年底，沿海省际运输 700 标准箱以上集装箱船数较上年增加 14 艘，箱位数同比减少 1.2%，船舶向大型化发展。此外，受国际集装箱海运市场火爆影响，运力转移，国内供需趋于平衡。沿海内贸集装箱运价整体上行（图 2-6-10），全年中国内贸集装箱运价指数均值同比增长 22.0%。

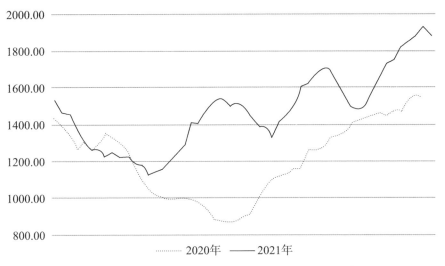

········ 2020年 ——— 2021年

图 2-6-10　2020—2021 年中国沿海内贸集装箱运价走势
（资料来源：Wind数据库）

（三）沿海港口全力保供稳链

2021 年，世界经济向好发展，全球港口生产提振，主要港口货物吞吐量增长了 4.5%，较 2020 年提升了 5.9 个百分点。我国沿海港口在保障国内外经济畅通方面发挥了积极作用。交通运输部数据显示，全年沿海港口实现外贸货物吞吐量 41.9 亿吨，增长 4.6%；集装箱吞吐量 2.5 亿标准箱，增长 6.4%。全球港口货物吞吐量排名前 10 位中，我国占据 8 席，宁波舟山港连续 13 年位列全球第一（表 2-6-1）；全球港口集装箱吞吐量排名前 10 位中，我国占据 7 席，上海港连续 12 年位列全球第一（表 2-6-2）。世界银行等机构发布数据显示，2021 年全球集装箱港口绩效排名前 10 位的港口中，我国占据 3 席；亚洲排名前十位的港口中，我国占据 6 席，遥遥领先。

表 2-6-1　2021 年全球港口货物吞吐量排名前 10 位

2021 年位次（2020 年位次）	港口
1（1）	宁波舟山港
2（2）	上海港
3（3）	唐山港
4（5）	青岛港
5（4）	广州港
6（6）	新加坡港
7（7）	苏州港
8（8）	黑德兰
9（10）	日照港
10（9）	天津港

资料来源：上海国际航运研究中心。

表 2-6-2　2021 年全球港口集装箱吞吐量排名前 10 位

2021 年位次（2020 年位次）	港口
1（1）	上海港
2（2）	新加坡港
3（3）	宁波舟山港
4（4）	深圳港
5（5）	广州港
6（7）	青岛港

2021 年位次（2020 年位次）	港口
7（6）	釜山港
8（9）	天津港
9（8）	香港港
10（10）	鹿特丹港

资料来源：上海国际航运研究中心。

沿海港口供给侧结构性改革持续加大，2021 年末我国沿海港口生产用码头泊位 5419 个，比上年减少 42 个；万吨级及以上泊位 2207 个，比上年增加 69 个（图 2-6-11）。投资建设实现恢复性增长，海港航道和沿海港口建设投资完成 723 亿元，较上年增长 15.4%（图 2-6-12）。

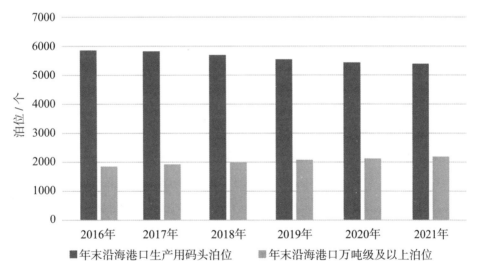

图 2-6-11　2016—2021 年我国沿海港口泊位情况
（资料来源：交通运输部官网）

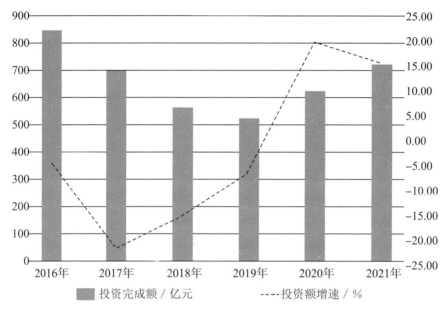

图 2-6-12　2016—2021 年我国海港航道和沿海港口建设投资情况
（资料来源：交通运输部官网）

（四）数字港航建设加快

新冠肺炎疫情暴发使海洋运输领域信息化程度低等问题加速显露。近年来，世界各国、各大海洋交通运输相关企业积极推进数字港航建设，人工智能、5G通信、区块链、大数据、无人驾驶等技术助推产业转型升级。2021 年，我国港航数字化建设加快发展，自动化码头、数据平台建设取得突破：超远程智慧控制技术在上海洋山港实现成功应用；自主研发的全球首创自动化桥吊"一对多"监控系统在青岛港顺利完成线上测试；自主研发的"招商芯"码头生产管理操作系统在招商港口主控的国内外码头实现基本应用；全球首个"智慧零碳"码头——天津港北疆港区C段智能化集装箱码头正式投产运营；全球首个顺岸开放式全自动化集装箱码头——山东港口日照港正式启用；全球首个基于北斗高精度定位的智慧港口——广州港南沙港区成功应用商用高精度卫惯组合导航系统；中远海运港口阿布扎比码头实施无人集卡项目；区块链无纸化放货平台在盐田、蛇口、南沙、大铲湾等港口实现应用。此外，信息技术领军力量积极融入港航信息化发展，华为成立海关和港口"军团"组织，与辽港集团发起建立智慧港口创新联盟。

（五）政策规划支持加大

2021 年，海洋交通运输领域规划政策纷纷出台，《国家综合立体交通网规划纲要》《"十四五"现代综合交通运输体系发展规划》《推进多式联运发展优化调整运输结构工作方案（2021—2025 年）》等从基础设施建设、科技创新、绿色低碳、数字化等角度进一步推进港航高质量发展。《关于服务构建新发展格局的指导意见》《关于推进海事服务粤港澳大湾区发展的意见》《关于科技创新驱动加快建设交通强国的意见》从服务国家新发展格局构建、服务国家重大战略等角度提出海洋交通服务国家经济发展的前进方向。《天津市推进北方国际航运枢纽建设条例》《上海国际航运中心建设"十四五"规划》《建设广州国际航运枢纽三年行动计划（2021—2023 年）》围绕航运枢纽中心建设提出具体发展举措。沿海捎带政策取得突破，围绕加快对外开发，有关部门允许符合条件的境外国际集装箱班轮公司的非五星旗国际航行船舶，开展大连港、天津港、青岛港与上海港洋山港区之间，以上海港洋山港区为国际中转港的外贸集装箱沿海捎带业务试点。

三、发展趋势

2022 年全球经济贸易发展将延续复苏态势，但仍面临新冠肺炎疫情反复、高通胀、国际地缘政治冲突等风险挑战，我国海洋运输不确定性增加。为更好地提高应对突发事件能力，有效保障提升港航运行效率，绿色化、数字化发展成为国内外海洋交通运输领域的重点发展趋势，低碳、智能发展势在必行、提档加速。

近年来，国际、国内海洋运输业的绿色低碳发展进入快车道，国际海事组织（IMO）有关温室气体减排短期措施的新规定即将于 2022 年 11 月正式实施。近期国内有关部门出台的《绿色交通"十四五"发展规划》《贯彻落实〈中共中央 国务院关于完整准确全面贯彻新发展理念做好碳达峰碳中和工作意见〉的实施意见》等政策中，明确提出"深入推进绿色港口建设""大力发展铁水联运""推进船舶靠岸使用岸电"等重点任务。随着全面加快基础设施建设的深入落实，以港口岸电设施建设、港口清洁能源利用、船舶污染排放严控为手段的绿色建设将成为海洋交通领域发展的重点方向。

新冠肺炎疫情之下，面对港口拥堵、人员短缺等困境，全球港航企业加快智能化转型，借助无人化、数字化提升生产效率。预计2022年，海洋交通运输领域数字智能化转型发展将全面深入推进人工智能、5G通信、区块链、大数据、无人驾驶等新技术在港口、船队运营等各领域应用，加大对自动化码头、一体化信息服务平台等方面的投资力度，全面提升海洋交通运输生产管理智能化水平，加速提升服务效率和品质。

执笔人：化　蓉（国家海洋信息中心）

7
海洋旅游业发展情况

一、产业发展基本情况

2021 年，在国内新冠肺炎疫情零星散发的形势下，海洋旅游市场依然未恢复到疫情发生前的水平，海洋旅游业全年实现增加值 15297 亿元，同比增长 12.8%（图 2-7-1）。从全年来看，海洋旅游业复苏进程在下半年出现明显波动，必要出行之外的旅游消费意愿和企业家信心同步收缩，海洋旅游经济全年处于"弱景气"区间。海南离岛免税业务和冬奥体育旅游成为 2021 年海洋旅游发展新的增长点，有效带动了海洋旅游市场的恢复和发展，同时各沿海政府助企纾困和刺激消费政策持续强化、扎实推进，助力海洋旅游业稳步复苏。

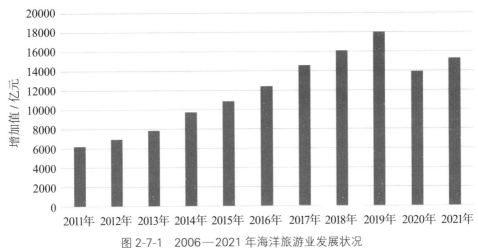

图 2-7-1　2006—2021 年海洋旅游业发展状况
（资料来源：《中国海洋经济统计年鉴 2020》《2021 年中国海洋经济统计公报》）

（一）热点消费刺激海洋旅游业逐步复苏

海南离岛免税业务推动海洋旅游业稳步复苏。海南省旅游和文化广电体育工作会议公布数据显示，2021 年全省接待国内外游客 8100.43 万人次，同比增长 25.5%，恢复至 2019 年的 97.5%；旅游总收入 1384.34 亿元，同比增长 58.6%，较 2019 年增长 30.9%。

体育旅游带热海洋旅游。第 24 届北京冬奥会不仅为举办地北京带来了热度，也给部分沿海城市带来了体育旅游高热度，冲浪、潜水等高人气运动项目拉动了海洋旅游业消费。2021 年我国热度涨幅最高的体育旅游目的地前 10 名中有 4 个沿海城市，分别为海南三亚、山东青岛、浙江杭州、广东广州（表 2-7-1）。

表 2-7-1　2021 年我国热度涨幅最高（Top10）的体育旅游目的地

序号	目的地	所属省份
1	北京	北京
2	张家口	河北
3	三亚	海南

序号	目的地	所属省份
4	青岛	山东
5	杭州	浙江
6	成都	四川
7	湖州	浙江
8	重庆	重庆
9	阿坝	四川
10	广州	广东

资料来源:《2021 年全球自由行报告》。

(二)市场主体逆境中稳步发展

截至 2021 年 12 月 31 日,11 个沿海地区的旅行社总数为 20985 家(按 2021 年第四季度旅行社数量计算),比 2020 年增长 4.0%,11 个沿海地区的旅行社数量均有不同程度的增长。其中,海南增幅最大为 17.2%,而广东、江苏、浙江、山东 4 个地区旅行社数量超过 2000 家,数量最多的广东为 3592 家。旅行社数量排名前 10 位的地区中,沿海地区共占 7 席,依次为广东、江苏、浙江、山东、上海、河北、辽宁(表 2-7-2)。

表 2-7-2　2021 年度沿海地区旅行社数量及增长情况

序号	地区	2021 年		2020 年		2019 年
		旅行社数量/家	增长率/%	旅行社数量/家	增长率/%	旅行社数量/家
1	广东	3592	6.0	3390	3.3	3281
2	江苏	3155	3.2	3057	3.9	2943
3	浙江	3014	4.5	2885	4.2	2769

续表

序号	地区	2021 年		2020 年		2019 年
		旅行社数量/家	增长率/%	旅行社数量/家	增长率/%	旅行社数量/家
4	山东	2734	2.2	2676	2.4	2613
5	上海	1865	3.2	1808	2.8	1758
6	河北	1552	1.4	1531	1.2	1513
7	辽宁	1547	1.1	1530	0.4	1524
8	福建	1336	5.2	1270	7.5	1181
9	广西	963	4.5	922	8.5	850
10	海南	703	17.2	600	24.2	483
11	天津	524	1.6	516	2.8	502

资料来源：中华人民共和国文化和旅游部。

2021 年，因为我国尚未恢复旅行社及在线旅游企业经营出入境团队旅游及"机票+酒店"业务，所以主要组接业务均发生在国内。全年旅行社国内旅游组织人次排名前 10 位的地区，沿海地区就占据一半席位，由高到低依次为浙江、江苏、广东、上海、福建。全年旅行社国内旅游接待人次排名前 10 位的地区，沿海地区占据 4 席，由高到低依次为浙江、江苏、海南、广东。

2021 年，受各地新冠肺炎疫情多点散发影响，有过半的沿海地区旅行社旅游业务营业利润仍然为负，但上海、山东的营业利润已转负为正，广西、江苏和天津的营业利润虽为负值，但相比去年同期已有大幅提升（表 2-7-3）。同时，全年全国旅行社主要经济指标[①]排名前 10 位的地区，沿海地区占据 7 席，依次为广东、浙江、天津、福建、上海、山东、江苏。

---

① 主要经济指标是指旅游业务营业收入、旅游业务营业利润、本年应交税金总额三项综合

表 2-7-3　2019—2021 年我国沿海地区旅行社旅游业务营业利润

单位：万元

序号	地区	2021 年	2020 年	2019 年
1	广东	84999.6	97330.8	437262.8
2	浙江	9749.3	14969.6	151055.7
3	福建	1611.9	9805.4	96558.8
4	上海	2781.0	−259.3	501903.9
5	河北	−64588.3	−2611.6	17889.6
6	广西	−348.1	−3238.6	29669.3
7	海南	−11890.9	−4502.4	24984.9
8	山东	9091.6	−4653.9	94829.9
9	辽宁	−21504.5	−5138.2	45705.9
10	江苏	−6401.2	−16470.3	123588.6
11	天津	−3495.2	−20051.6	22047.5

资料来源：中华人民共和国文化和旅游部。

二、产业发展主要特征

（一）业界自救成效不断显现

随着新冠肺炎疫情防控取得显著成效，各沿海地方政府和海洋旅游业企业共同推出了一批新项目和新产品以寻求逆势下的自救，并获得了市场的积极回应。2021 年 8 月，针对"80 后""90 后"及"Z 时代"消费主力客群的"新青年奇趣岛"旅业推介活动在厦门举办，旨在为三亚与厦门两地旅游企业创造更多合作契机，深化两地合作，共同关注并研发目的地旅游新玩法。广西推出"潮美北海""潮玩北海"两大主题旅游线路，重点推介北海银基国际旅游度假区、北海银滩国家旅游度假区、海丝首港、高德古镇、月饼小镇等北海文化和旅游项目。辽宁省文化和旅游厅推出 10 条赏秋旅游精品线路，将辽宁丰富的山水、乡村、红色、文化等资源串联起来，涵盖了辽宁 14 个城市的几十个景区景点。

（二）助企疏困政策扎实推进

受中长线游、国际游恢复不佳影响，传统旅行社破冰困难。沿海地区纷纷出台助企疏困政策措施，通过暂退旅行社服务质量保证金、加大金融支持力度和相关财税政策，有力鼓舞了行业发展的信心，彰显了沿海地方政府助企疏困和扶持海洋旅游业发展的坚强决心。

福建厦门为缓解旅行社资金压力，将暂时退还的旅行社旅游服务质量保证金延迟至 2022 年 2 月 5 日前缴交；同时，发布《关于进一步促进旅游发展若干措施的通知》，加大奖补力度，对厦门市旅行社组织国内游客游览收费A级景区并在限额以上宾馆饭店过夜的给予补助。上海发布《关于支持上海旅游业提质增能的若干措施》，针对旅游小微企业，特别是旅行社小微企业占比大、规模小、贷款申请难的问题，从扩大信贷支持覆盖面、受益面入手，引入政府性融资担保和再担保机构，对旅游市场主体实施增信服务；下发《2021 年上海市旅行社和A级旅游景区应对疫情冲击贷款贴息申报指南》，给予旅行社和A级旅游景区不超过人民银行最近一次公布的 1 年期贷款市场报价利率 50%的贷款贴息支持。山东青岛发布《关于进一步支持旅游企业纾困的通知》，以"落实国家各项惠企政策、进一步加大金融惠企力度、给予旅行社专项财政资金扶持、加强旅游宣传推广、优化为企服务营商环境、有序放开文化和旅游活动场所"六大举措积极回应旅游行业诉求，帮助旅游企业渡过难关，推动实现疫情防控常态化形势下旅游业的复苏振兴。

（三）促消费措施频出

沿海地方政府相继出台发放惠民补贴、旅游消费券和推出优惠旅游产品等多种措施，促进海洋旅游消费，提振产业信心。广东面向市民、游客发放近千万元的文旅消费季惠民补贴，适用于国内游线路、省内游线路、粤港澳大湾区文化遗产游径、历史文化游径、乡村旅游线路以及省内景区、酒店、民宿、演出和现场销售的文创产品等。福建厦门依托线上平台发放 2000 万元文化和旅游消费优惠券，并鼓励宾馆饭店、旅行社、景区景点等推出优惠产品。江苏盐城发放 500 万旅游消费券，用于促进大丰区A级景区的门票、住宿、餐饮等消费。山东青岛通过文化和旅游消费公共服务平台发放文旅惠民通用券和文旅惠民定向券合计 630 万元，发放企业优惠券 4.67 亿元。辽宁大连面向全国发放首笔 500 万元旅游消费券，并推出"1 元爽游大连券""290 元畅游大连券""旅游+随机立减"等提振文化和旅游消费的"组合拳"。

三、产业发展趋势

　　海洋旅游业市场创新动能加速积累，转型升级逐步加快，这是海洋旅游业战胜目前困难、走向复苏繁荣之路的根本保证。上海旅游节推出的"建筑可阅读，城市微旅游"主体活动，为上海旅游带来新流量、新内容和新玩法。截至 2021 年 4 月 27 日，携程首个官方星球号"长隆星球号"仅运营 3 个多月，粉丝总量近 2.5 万人。杭州开元森泊度假酒店引入流行欧洲的短期度假生活方式，创新研发"酒店+乐园"一站式休闲度假综合体，是 2021 年开元集团在营的 400 多家酒店中仅有盈利的两家酒店之一，表明消费需求仍然有，只是新冠肺炎疫情倒逼旅游企业加速转型升级。此外，浙江的"诗画浙江·百县千碗"、上海迪士尼五周年庆典、珠海九洲的"船说"、海昌海洋公园和MBK的战略合作以及大连博涛的巨型仿真装置等都表明文化创造和科技创新的动能一直在加速积聚，从而推动海洋旅游业逐步复苏。

　　2022 年，新冠肺炎疫情仍将是影响旅游业复苏最大的不确定因素，宏观经济的需求收缩、供给冲击、预期转弱在旅游领域都会有更明显的体现，但是海洋旅游业复苏向上的进程不会停止，助企疏困成效逐步显现，创新发展的势头不会减弱，优质文化产品和旅游服务供给力度将会进一步加大。

执笔人：徐莹莹（国家海洋信息中心）

区域篇

1
北部海洋经济圈海洋经济发展形势

一、北部海洋经济圈海洋经济发展现状

北部海洋经济圈是由辽东半岛、渤海湾和山东半岛沿岸地区构成的经济区域，主要包括辽宁省、河北省、天津市和山东省的海域与陆域。该区域海洋经济发展动力强劲，传统海洋产业基础雄厚，海洋科研教育优势突出，是我国北方地区的对外开放窗口，拥有全球领先的海洋制造业、服务业基地。

（一）北部海洋经济圈海洋经济发展规模

1.海洋生产总值

2016—2021 年北部海洋经济圈海洋经济的总体规模波动较大，海洋生产总值呈现 N 形走势。其中，2016—2019 年海洋生产总值持续上升，2020 年新冠肺炎疫情冲击下骤然减少。2021 年新冠肺炎疫情得到有效控制，其海洋生产总值回暖至 25867 亿元。海洋生产总值名义增速与海洋生产总值走势保持一致，2021 年强势反弹至 15.1%。2016—2021 年北部海洋经济圈海洋经济对全国海洋经济的贡献不断降低，海洋生产总值在全国海洋生产总值中的占比由 2016 年的 34.5% 下降至 2021 年的 28.6%（图 3-1-1）。

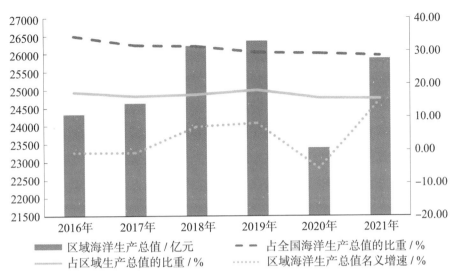

图 3-1-1　2016—2021 年北部海洋经济圈海洋经济发展趋势

（资料来源：2016—2021 年《中国海洋经济统计公报》）

2. 主要海洋产业增加值

2021 年北部海洋经济圈的主要海洋产业恢复向好态势，主要海洋产业增加值约占区域海洋生产总值的 45%。整体趋势显示 2021 年主要海洋产业增加值比 2020 年有所回升，与 2019 年基本持平。这表明主要海洋产业已从新冠肺炎疫情冲击中开始恢复，实现强势反弹，并且迸发出了新的活力，带动北部海洋经济圈海洋经济发展的作用日趋明显（图 3-1-2）。

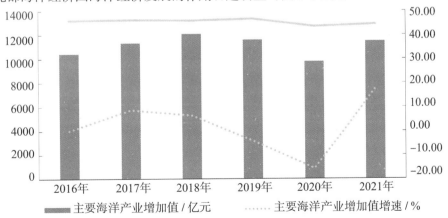

图 3-1-2　2020—2021 年北部海洋经济圈主要海洋产业发展趋势

（资料来源：依据历年《中国海洋经济统计年鉴》《中国海洋经济发展报告》以及各沿海地区公布数据计算得出）

（二）北部海洋经济圈海洋经济发展结构

1. 海洋产业结构

2016—2021年北部海洋经济圈的海洋产业结构在持续优化中趋于稳定。海洋三次产业结构由2016年的6：42：52逐步调整为2021年的6：37：57。期间，海洋第一产业在北部海洋经济圈海洋生产总值中的占比保持在5%左右；海洋第二产业在北部海洋经济圈海洋生产总值中的比重呈现下降趋势，与海洋第三产业的上升趋势相呼应（图3-1-3）。

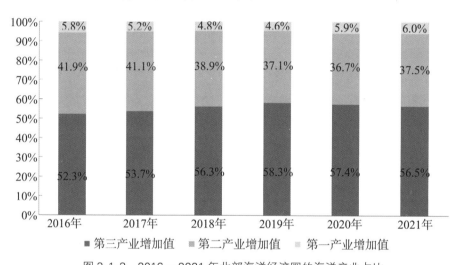

图 3-1-3　2016—2021 年北部海洋经济圈的海洋产业占比

（资料来源：依据历年《中国海洋经济统计年鉴》《中国海洋经济发展报告》数据计算得出）

2. 海洋经济空间结构

2016—2021年北部海洋经济圈海洋生产总值中各沿海地区海洋生产总值的占比变化甚微。天津市海洋生产总值在北部海洋经济圈海洋生产总值中的占比先升后降；河北省海洋生产总值在北部海洋经济圈海洋生产总值的占比稳定在10%左右；辽宁省海洋生产总值在北部海洋经济圈海洋生产总值中的比重在13%～15%范围内小幅波动。山东省海洋经济在北部海洋经济圈中霸占鳌头，2016—2021年山东省海洋生产总值大于另外三省（市）海洋生产总值之和，在北部海洋经济圈海洋生产总值中的比重一度逼近60%（图3-1-4）。

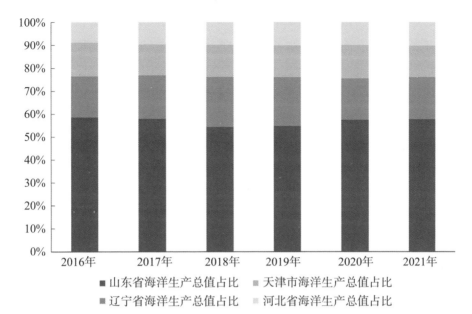

图 3-1-4　2016—2021 年北部海洋经济圈海洋生产总值中各沿海地区海洋生产总值占比
（资料来源：依据历年《中国海洋经济统计年鉴》《中国海洋经济发展报告》数据计算得出）

二、北部海洋经济圈海洋经济发展特征

（一）辽宁省海洋经济发展特征

辽宁省是我国最北端的沿海省份，具有丰富的滨海湿地资源、海洋渔业资源、海洋风能资源，依托环渤海和东北广阔的腹地市场及东北亚国际航运中心建设，努力打造海洋经济发展新格局。

1. 海洋检测平台顺利建成，海洋法律制度落地实施

2021 年，辽宁省地矿集团海洋生态监测中心有限责任公司成立，为辽宁省及时了解海洋生态灾害发展和变化趋势、保护海洋生态系统、减轻和避免有害致灾生物对海洋产业造成损失和危害，提供了强有力的技术支撑和精准的技术服务；同时挂牌成立的辽宁省地研院公司碳汇碳储研究中心，是国内唯一一家能够检测全部地勘煤质指标的检测单位，具有国家实验室认可和计量认证双项资质的碳含量检测资质，是具有可承接各种地质灾害治理和修复

工作的地质灾害防治甲级资质的平台，主要在蓝碳、绿碳的碳核查、评估等方面开展业务。在海洋制度方面，大连自贸片区与大连海事局推出的"海洋污染物运输绿色通道"案例入选 2020—2021 年度中国自由贸易试验区制度创新十佳案例；2021 年 9 月，《海上交通安全法》正式施行，为大连市加快建设海洋中心城市提供坚实的法律保障。

2. 智能化海洋牧场建设迈上新台阶，"蓝色粮仓"建设初显成效

一直以来，大连市坚持"生态优先、质量兴渔、创新推动、依法治渔"的原则，以提质增效为目标，推进海洋牧场建设，打造生态"蓝色粮仓"。2020年，大连市海洋发展局与大连海洋大学共建"大连市海洋牧场数字化综合管理与服务平台"，实现海洋牧场监测可视化、信息化和智能化。2021 年 4 月，大连市成功举办"加强海洋城市生态文明与现代海洋牧场建设研讨会"，为现代海洋牧场建设拓展思路。据统计，2021 年，全市水产品产量达 240 万吨，渔业经济总产值超 700 亿元；海洋牧场示范区内海洋生物资源量增长超 30%，主要经济品种产量增长超 20%。2022 年 2 月，《大连市关于加快推进渔业高质量发展的意见》进一步明确指出，加快国家级海洋牧场示范区建设，引领海水养殖业向生态化、设施化、离岸化方向发展。截至 2022 年 5 月，大连市连续六年支持涉及海洋牧场建设科研项目 14 项，累计支持资金超过 4500 万元；实施涉海科技人才计划项目 27 项，累计支持资金 1510 万元；共建成 25 个国家级海洋牧场示范区（数量居全国首位），海洋牧场面积达 500 余万亩，"蓝色粮仓"建设初显成效。

3. 涉海规划编制城市试点启动，海洋灾害风险管理科技赋能能力提升

2020 年，锦州市被列为编制我国首部海洋环境保护专项规划的试点城市之一，大连市也公布了当地海洋生态环境保护"十四五"规划的征求意见稿。2021 年，盘锦市入选 2021 年生态环境部海洋碳汇试点监测工作试点城市；大连市斑海豹国家级自然保护区生态环境状况等级评价 I 级，并举行了第五届"大连海洋文化节"，弘扬海洋精神，传播海洋文化，形成全民关心海洋、认识海洋、经略海洋的良好社会氛围。此外，辽宁省是受风暴潮和滨海城市洪涝影响较重的省份之一，且辽宁省沿海部分监测岸段海岸侵蚀加剧、局部地区海水入侵范围加大。为此，2021年9月，辽宁省自然资源厅发布《辽宁省"十四五"海洋观测网规划（2021—2025）》，将通过海洋观测网建设，提升辽宁省海洋防灾减灾能力，保障地方海洋经济建设。

4. 海洋渔业监管进入新阶段，海洋资源督察执法力度不断加大

辽宁省加快海洋渔业监管体制改革，不断提高海洋资源监管执法力度。2021年1月，辽宁省农业农村厅举行省海洋与渔业执法总队揭牌仪式，将在海洋护渔维权、渔政执法、渔业防台、保护渔民生命安全、维护海洋开发秩序、保护海洋生态环境等领域发挥作用，标志着辽宁省海洋与渔业监管工作进入新阶段。2022年6月，大连市成立海域、海岛管理和海洋渔业管理服务专业部门——海洋发展局和渔业渔民渔船管理局，大连市海洋渔业管理和服务业务正式从大连市自然资源局、农业农村局剥离出来，独立归口管理，标志着大连海洋发展事业开启了新篇章。同时，辽宁省先后印发《关于加强海水养殖生态环境监管工作的通知》《关于落实渔业船舶重大事故隐患判定标准的通知》，切实加强海水养殖生态环境监管、渔船监管。2022年辽宁省筹措安排资金1800余万元，支持生态环境和自然资源督察执法，其中，960.58万元用于开展自然资源领域海洋维权及执法、承担执法区域内海域海岛使用及海砂勘查开采等工作。

5. 政校企多方联动，服务海洋科研文化事业

政府、学校与企业三方协同，促进海洋科研生产，推动产业项目落地。2021年，大连海洋大学获批国家发改委10090万元经费支持，用于建设"北方海洋数据应用工程中心"，将为建设海洋强国、共建21世纪海上丝绸之路提供坚实的数据支撑和技术保障。2021年7月，辽宁省侨商会农产专委会暨产学研用战略合作启动仪式在沈阳工学院举行，通过产学研用精准对接合作模式助力校企深度融合，推进智慧渔业发展。2022年5月，招商局集团与大连理工大学签约校企协同发展战略合作框架协议，双方将以船舶与高端装备制造产业园等重大战略性产业项目为抓手，发挥央（央企+央校）地协同优势，探索"政、校、企"合作模式，推动产教融合，共促创新创业、成果转化、人才培养，共同推动辽宁省海洋产业研究院、船舶工程中心、科技园等落地太平湾。2022 年 7 月，中华优秀海洋文化外译研究中心在大连海事大学成立，该中心将坚持决策需求导向，为国家各项建设提供海洋文化支撑及决策参考。

（二）河北省海洋经济发展特征

河北省地处环渤海经济圈的核心区域，积极承接京津产业转移项目，努力打造雄安新区出海口，充分发挥河北自贸试验区曹妃甸片区的平台优势，初步形成了以海带陆、以陆促海的发展格局。

1. 海洋管理法制体系日益完善，海洋监督执法效能不断提升

河北省深化推进海洋法制建设，全面提升行政执法能力。在海洋法制建设方面，河北省农业农村厅制定了《海洋渔船安全生产作业十个必须、十个严禁》，明确了海洋渔船出海作业必须具备的 10 项条件、严禁情形和对应处罚措施。秦皇岛根据全市海岸线自然资源条件和开发程度，将本市海岸线划分为严格保护岸线、限制开发岸线和优化利用岸线，并建立了海岸线分类保护制度。2021 年 12 月，《秦皇岛市海岸线保护条例》正式实施，加强对海岸线的管理、保护、修复和污染治理。在海洋监督执法方面，2021 年河北省唐山市海警局不断加强海洋生态环境的监督检查和执法力度，办结多起海上违法案件，持续推进"冀海守护 2021"执法大会战活动，有力打击了破坏海洋生态环境的违法行为，海洋生态保护取得实效。《2021 年河北省海洋灾害公报》显示，2021 年河北省海洋灾害损失轻于近 10 年平均水平。2022 年，海监保障中心采取"执法车+海监船+无人机"的方式，进行全省毗邻海域巡航检查。自此，河北省非法占用海域、海岛事件同比减少 33%。

2. 政府多措并举引导涉海金融发展，金融机构积极参与涉海金融服务

政府多举措引导金融机构助力海洋经济发展。2020 年，秦皇岛银保监分局推出 5 项举措，积极构建涉海金融服务新模式。《河北省海洋经济发展"十四五"规划》也明确指出，要发挥政策性、商业性金融和多层次资本市场在支持海洋经济发展中的作用，落实《河北省地方金融监督管理局等五部门印发〈关于银行业金融机构支持沿海地区发展奖励资金管理办法〉的通知》（冀金监字〔2019〕13 号），引导银行业金融机构采取项目贷款、银团贷款等多种形式满足海洋产业资金需求，鼓励银行机构设立服务海洋经济的专门部门，为海洋产业融资需求提供专业化服务。自此，交通银行秦皇岛分行为河北港口集团有限公司独家主承销发行7年期票据18亿元；辖区内银行业机构依托昌黎水产品养殖、加工产业集群，定期组织银企对接，形成"融资+融智+融信"新型综合化服务模式；邮储银行秦皇岛市分行探索船网工具指标质押贷款业务，成功为一家水产养殖企业授信1000万元；人保财险秦皇岛市分公司等4家保险机构提供275亿元船舶险、货运险的风险保障；农业银行秦皇岛分行建立了海洋经济金融服务专业团队，逐步构建专业化风险管理制度体系。

3. 海洋科教平台启动建设，海洋文化宣传工作扎实推进

相比于北部海洋经济圈其他地区，河北省海洋学科相关高等教育资源处于弱势。为此，河北省大力支持河北科技师范学院转型发展，在科研平台建设和学科建设上，支持学校朝着海洋大学方向发展。河北省凭借深厚的海洋文化底蕴，推进海洋文化教育事业建设。黄骅市境内2处国保单位（郛堤城遗址、海丰镇遗址）入选全国5处聚落类海丝史迹点。2021年9月，黄骅市博物馆馆藏精美文物在"四海通达——海上丝绸之路（中国段）文物联展"中亮相，展现了黄骅乃至河北历史海洋文化的独特魅力。2022年6月，河北省举办了2022年世界海洋日暨全国海洋宣传日系列主题活动，宣传主题为"保护海洋生态系统，人与自然和谐共生"，呼吁公众共同保护海洋生态系统。

4. 渤海新区奋力推进"港产城"融合发展，黄骅港煤炭码头变身智慧绿色大港

沧州市充分发挥沿海港口优势，于2020年9月印发了《关于举全市之力推进渤海新区高质量跨越式发展的意见》，围绕"以城定港、港城融合、产城共兴"，掀起沿海大开发、大建设、大开放、大发展热潮，努力建设国内国际双循环重要节点，打造"十四五"时期全省沿海经济带重要增长极和改革开放新高地。黄骅港作为我国西煤东运、北煤南运重要港口，近两年煤炭吞吐量均超2亿吨，位居我国各大港口榜首。近年来，黄骅港运营企业持续保持环保高投入，创新研发多项环保技术，创建世界一流智慧绿色港口，已经基本解决了煤尘污染、含煤污水治理等问题，目前已实现煤港粉尘近零排放和港区污水零排放，并于 2022 年 6 月荣获"中华环境奖"，成为此奖项设立 22 年以来唯一入选的港口企业。

（三）天津市海洋经济发展特征

天津市位于北部海洋经济圈的中心位置，与其他沿海地区相比，天津的海洋资源相对匮乏，但通过不断优化海洋产业布局、规范海域环境治理，现已基本形成了"一核两带五区"的海洋经济发展格局。

1.海水淡化利用保障制度落地实施，海水淡化利用项目接连启动

天津高度重视海水淡化产业发展，是我国最早开展海水淡化技术研发和应用的地区之一。2022 年 3 月，全国首部促进海水淡化产业发展的地方性法规《天津市促进海水淡化产业发展若干规定》开始实施，为天津市培育具有竞争力的海水淡化产业提供了制度保障；2022 年 6 月，天津两项海水淡化技术成果转化进入中试生产阶段（临港基地海水冷却塔塔芯构件中试生产线调试成功、临港基地聚丙烯中空纤维制膜中试线建成投入运营）；同时，天津经开区南港工业区海水淡化及综合利用一体化示范项目进入实施阶段，项目作为全国海水淡化浓海水排放与监测试点，将为我国海水淡化项目浓海水排放政策制定提供科学的监测数据，填补国内相关领域监测数据空白，天津经开区南港工业区也将成为全国首个以淡化海水作为工业水主水源的工业园区。

2.海洋监测平台建设实现新突破，近岸海域监测监管实现全覆盖

自渤海综合治理攻坚战打响以来，天津市高度重视海域环境治理，不断加强海域环境监测和监管，申请建立了国家海洋与港口环境监测装备产业计量测试中心，提升海洋与港口环境监测装备产业服务能力。通过加强海洋垃圾预测预报监管，实现了 30 个监控点位重点岸线全覆盖，海洋垃圾明显减少。2021 年 11 月，自然资源部北海局与天津市滨海新区政府签署《天津市滨海新区海洋预警监测中心合作共建协议》，共建天津市滨海新区海洋预警监测中心，强化滨海新区海洋观测和预警预报、海洋生态预警监测等能力。2022年4月，天津市海监总队启动"蓝剑2022"专项执法行动，面向天津市管辖的全部2146平方千米海域开展全方位监管，针对海域开发利用、海洋环境保护、海岛保护、海洋涉黑涉恶线索排查等监管项进行综合排查整治。

3. 天津国际邮轮母港市场格局初显，北方国际航运核心区建设继续深入

天津国际邮轮母港地处京津城市带和环渤海经济圈的交汇点，是我国连通新亚欧大陆桥经济走廊和中蒙俄经济走廊的重要起点。近年来，天津邮轮设施不断完善，邮轮航线不断丰富，邮轮产业链条不断延伸。"十三五"期间，天津邮轮母港累计接待国际邮轮560艘次，出入境游客310万人次，位居全国第二位，初步形成了"南上海北天津"的市场格局。步入"十四五"，《关于加快天津邮轮产业发展的意见》明确指出，打造国际邮轮用品采购供应中心，加快推进天津国际邮轮母港建设，大力培育邮轮产业市场主体等重点任务；《天津市港航管理局2022年工作要点》提出促进港航服务社会经济，深化北方国际航运核心区建设，认真落实《天津市推进北方国际航运枢纽建设条例》等要求。

4. 海洋科技创新平台陆续搭建，专家智库支撑体系日益强化

面对海岸线短、海域面积有限的自然资源限制，天津汇聚技术资源、人才资源为海洋经济增长提供原动力。2022年4月，天津市极地与深远海工程装备创新中心获批组建，致力于提升国产海工装备在极地与深远海冰区、智能海工与抗冰基础设施工程技术上的全球竞争力。该项目采用"创新中心+联盟"模式，首批参与组建单位达10余家，联盟单位50余家，将形成产学研深度融合的技术创新体系。2022年6月，滨海新区海洋经济高质量发展专家智库正式成立，首批邀请128位来自国家海洋信息中心、自然资源部天津海水淡化与综合利用研究所、天津社会科学院、天津大学等在津科研院所和高校的专家学者加入，建设涵盖海洋经济发展有关的各专业领域的专家智库支撑体系，搭建专家、学者、企业家和政府部门的交流平台，促进产学研合作，优化营商环境，更好地服务海洋产业转型升级、促进海洋经济高质量发展。

5. 金融机构助力企业疫情期纾困，海洋生态修复获财政大力支持

自新冠肺炎疫情暴发以来，天津市金融局、人民银行天津分行、天津银保监局、天津证监局等部门出台多项举措，鼓励金融机构帮助市场主体纾困解难，提高金融服务精准性、直达性和有效性。2021年，招商租赁确定了"新航运、新海工、新能源、新物流、新基建"的"五新"行业聚焦方向。2022年3月，天津市招商租赁成功发行深交所首支蓝色债券，发行规模10亿元，期限3年，票面利率3.05%，是国内为数不多的海上风电公司债券。发债资金主要用于支持招商工业、招商轮船及招商租赁的海上风电安装船产融结合项目，支持国家蓝色海洋经济发展与能源规划。同时，天津海洋生态保护修复项目成功入选2022年中央财政支持海洋生态保护修复项目，获得中央财政4亿元资金支持，天津市成为获得资金支持额度最高的城市。

（四）山东省海洋经济发展特征

山东省拥有3345千米的海岸线、15.96万平方千米的海域面积，是海洋资源大省。近年来，山东省继续向海谋篇，持续强化经略海洋，掀起新一轮海洋强省建设"十大行动"，打造全国海洋经济引领区。

1. 海洋科创能力全国领先，海洋科创平台加快集聚

山东省积极搭建海洋科创平台，汇聚海洋科创资源，提高海洋科创效能。《国家海洋创新指数报告2021》显示，山东海洋创新综合指标位于国内第一梯次，青岛海洋创新能力全国领先。2021年，原青岛国家海洋科学研究中心和山东省海洋生物研究院合并组建山东省海洋科学研究院（青岛国家海洋科学研究中心），全力打造山东海洋科学研究新高地；青岛海洋科学与技术试点国家实验室现汇聚了一支包括45位院士在内的2200余人的创新型队伍，集合全国13家单位的37艘科考船及"蛟龙"号等超过800台/套船载设备，建成了全球最大规模的深远海科考船队，以及国内海洋领域首个冷冻电镜中心等，2021年全年支撑科研项目261项，并获得全球每10年一次的"第四届（2029）世界海洋观测大会"举办权。威海集聚了一批高能级海洋领域创新平台，支持国际海洋科技城建设。2021年9月，自然资源部与山东省人民政府签约共建国家海洋综合试验场（威海）协议，打造全省乃至全国海洋经济创新发展核心引擎；2021年12月，威海海洋生物产业技术研究院在南海新区启用，该院以中国科学院海洋研究所科研与管理体制为依托，发挥中国科学院海洋研究所在科技创新、国际合作、成果转化等方面的作用。截至2022年5月，全省建成工程技术协同创新中心124个、现代海洋产业技术创新中心9个，拥有涉海高新技术企业482家。

2. 胶东五市协同规范海洋牧场建设，深远海养殖取得重大突破

2022年1月21日，山东省第十三届人民代表大会常务委员会第三十三次会议批准胶东经济圈五市（青岛、烟台、潍坊、威海、日照）制定的五部海洋牧场管理条例，分别为《青岛市海洋牧场管理条例》《烟台市海洋牧场管理条例》《潍坊市海洋牧场管理条例》《威海市海洋牧场管理条例》《日照市海洋牧场管理条例》，填补了山东省海洋牧场立法空白，这也是山东省创新开展区域协同立法的实践。2022年，农业农村部首次就深远海养殖领域开展运营试点做出正式函复——《关于同意山东省开展"国信1号"养殖工船运营管理试点的函》（农办渔函〔2022〕6号），批准了"国信1号"在我国管辖海域开展为期3年的深远海养殖运营试点，标志着青岛市在拓展我国深远海养殖空间利用、推进海水养殖由近海走向深远海方面全国领先。2022年6月，山东海洋集团所属山东深远海绿色养殖有限公司，在青岛国家深远海绿色养殖试验区内养殖的我国首批大西洋鲑喜获丰收，正式宣告全球首次低纬度养殖大西洋鲑在青岛取得成功，标志着试验区海域实现了规模养殖常态化、养殖品种多样化，推动我国海洋渔业由"近海"走向"深蓝"。此外，集团在烟台四十里湾海域的"耕海1号"海洋牧场综合体项目开创了"蓝色粮仓+蓝色文旅"海洋牧场发展新模式，集成渔业养殖、智慧渔业、休闲渔业、科技研发、科普教育等功能。

3. 政府与银行合作服务涉海企业发展，蓝色金融服务能力显著提升

政府与银行携手同行、蓝色金融产品推陈出新，为山东省海洋经济发展提供新动能。2021年，北京银行青岛分行成立海洋金融业务部，为涉海企业提供专属化、定制化投融资服务。同年，青岛市海洋发展局与青岛银行签署海洋金融综合服务战略合作协议；中国农业发展银行山东省分行与山东海洋集团签署合作协议，针对远洋运输、内河水运、海洋渔业、海洋清洁能源、涉海金融等重点领域，建立了金融机构与产业集团全方位深度合作的新型伙伴关系。2022年，山东省海洋局与山东省农村信用社联合社、北京银行与山东港口集团先后签订战略合作协议，助力海洋产业发展。与此同时，蓝色贷款、蓝色债券、蓝色保险等创新型金融产品也为山东省激活蓝色生态链注入了新动能。2022年3月，兴业银行青岛分行落地了规模2亿元、期限3年的第二单蓝色债券，募集资金主要用于青岛百发海水淡化厂扩建工程项目建设；2022年5月，全国首单海洋碳汇指数保险落地威海荣成，推进了海洋碳汇市场化实质性进程。2022年6月，世界银行集团国际金融公司（IFC）完成首笔在华蓝色金融投资，为青岛银行安排了1.5亿美元的蓝色银团贷款，用于支持海洋友好项目和清洁水资源保护项目。

4. 蓝色碳汇行动创下多个全国首次，海洋生态建设成就多个全国范本

山东省争做蓝色碳汇事业的开创者，海洋生态文明建设的引领者。在蓝色碳汇事业方面，2021年5月，威海市印发全国首个蓝碳经济发展行动方案——《蓝碳经济发展行动方案（2021—2025）》。2021年11月，全国首个研究海洋负排放的工作站——山东省海洋负排放焦念志院士工作站在威海南海新区成立，为国家"碳中和"战略实施做出了新贡献。2021年12月，灵山岛省级自然保护区获得中国质量认证中心（CQC）认证，成为全国首个获得权威部门认证的自主"负碳海岛"，为我国区域性温室气体控排和沿海生态环境保护提供范本。2022年4月，全国首个海洋贝类蓝碳智慧管理平台项目落户烟台，其将创新研发智能硬件和海水贝类养殖管理SaaS系统，全程采集贝类养殖过程中的固碳数据，服务国家双碳战略，掌握未来贝类养殖行业核心资源。在海洋生态文明建设方面，2020年，烟台套子湾入围生态环境部"美丽海湾"的典范；2021年，长岛海洋生态文明综合试验区成为全国"绿水青山就是金山银山"实践创新基地；威海市打造海洋自然保护区示范区，并联合中国海洋大学编制了《荣成成山头省级自然保护区总体规划（2019—2030年）》；2022年，黄河口国家公园顺利通过国家评估验收。

5.涉海国际交流论坛多次举办，国际合作深入推进

山东省成功举办各大涉海国际论坛讲座，拓展海洋领域国际合作。2020年11月，威海成功举办海洋生态经济国际论坛，吸引国内外近百名海洋生态经济领域的专家学者参会交流探讨，并发布了《实施海洋负排放，践行碳中和战略倡议书》。2021年10月，潍坊成功举办第三届国际海洋动力装备博览会，吸引180多家海洋动力国内外知名企业参会，达成26项合作成果，总投资额190.16亿元。青岛连续多年举办东亚海洋合作青岛论坛，2022年6月，东亚海洋博览会（2022东亚海洋合作平台青岛论坛版块之一）吸引了来自70余个国家和地区的550余家企业机构线下参展。2021年，全省新设涉海类外资企业51家，实际使用外资达4.2亿美元。

三、北部海洋经济圈海洋经济发展趋势

（一）辽宁省海洋经济发展趋势

1.推动海洋产业转型升级

《辽宁沿海经济带高质量发展规划》指出，要大力发展海洋经济，充分利用海洋资源优势，推动海洋传统产业转型升级，加快海洋新兴产业升级，促进海洋服务业提质。《辽宁省"十四五"海洋经济发展规划》指出，要加快辽宁"老字号"海洋产业改造升级，促进"原字号"海洋产业深度开发，推动"新字号"海洋产业培育壮大。大力发展海工装备制造业，不断优化临港产业结构，构建海洋运输服务体系，形成链条完整、配套完善、特色鲜明的船舶与海工装备制造产业集群，全面融入亚太地区沿海地带分工协作和市场循环，实现陆海产业结构优化和联动发展。发展海洋生物医药、海洋新材料、海洋清洁能源等新兴产业；推进现代海洋牧场计划，培育建设高端远洋渔业产业基地；努力打造成为东北地区全面振兴的"蓝色引擎"、我国重要的"蓝色粮仓"、全国领先的船舶与海工装备产业基地。

2. 提升大连的示范引领作用

2021 年 10 月，国家发改委印发《辽宁沿海经济带高质量发展规划》（简称《规划》）。《规划》指出，要加快提升大连的示范带动作用，加强"渤海翼"和"黄海翼"协同发展，辅之国家级新区、自贸试验区、开发区等重点开发开放平台作用，形成"一核引领、两翼协同、多点支撑"的高质量发展总体布局。2021 年 11 月，在第十三次党代会上，大连市提出要从海洋经济体制改革、海洋经济高质量发展、海洋科技能力提升、海洋治理效能提高四方面将大连建设成为东北亚海洋强市。2022 年辽宁省政府工作报告中有 20 多处提及"大连"，展现了大连的示范带动和核心引领作用，强力推动以大连为龙头、带动辽宁沿海经济带建成"两先区、一高地"，助力海洋经济高质量发展。

（二）河北省海洋经济发展趋势

1. 积极培育蓝色碳汇产业

《河北省海洋经济发展"十四五"规划》指出，要提升海洋生态系统质量和稳定性，强化海洋生态系统整体保护，实施海洋生态保护修复重大工程，完善海洋生态保护修复监管机制，提升蓝色碳汇能力，发展蓝色碳汇产业。2021 年 7 月，《河北省海草床蓝碳生态系统试点碳储量调查与评估》项目获批，河北省水文工程地质勘查院以该项目立项为契机，深入推进"专业亮点年"，进一步摸清河北省海草床生态系统碳储量家底。2022 年 6 月，河北省地质七队开展秦皇岛地区典型蓝碳生态系统野外调查及采样工作，旨在摸清河北省盐沼分布范围、碳储量等状况，为河北省蓝色碳汇产业发展提供基础数据支持。

2. 统筹推进海水淡化利用业发展

截至 2022 年 5 月底，河北省有海水淡化工程 10 个，产能达 34.07 万吨 / 日，位居全国第三；海水利用工程 6 个，海水直接利用量 24.52 亿吨，同比增长 7.8%。其中，唐山作为河北沿海经济带的重要支点，凭借海水综合利用技术创新，形成了"燃热电水盐"五位一体的产业格局。《河北省海水淡化利用发展行动实施方案（2021—2025 年）》指出，要推进海水淡化规模化利用，推进新建扩建海水淡化工程建设，并确立了到 2025 年全省海水淡化总规模达到 49 万吨 / 日的目标。随着唐山申港海水淡化工程（产能为 10 万吨 / 日）的投产，海水淡化技术创新中心在首钢京唐钢铁联合有限公司的正式挂牌，以及沧州市河北赛诺膜技术有限公司反渗透膜研发力度的加大，全省海水淡化产能规模将进一步加大，产业链、供应链现代化程度将进一步提高。

3. 不断强化海洋资源开发利用的监管

2022 年 6 月，河北省自然资源厅出台《河北省海洋资源管理三年行动计划》，明确指出，通过三年行动，确保重大项目用海实现应保尽保，整治修复海岸线长度不低于 21 千米，整治修复滨海湿地面积不低于 2900 公顷，海洋综合管理能力显著增强，推动全省海洋经济高质量发展。同期，河北省全面启动海域使用状况调查与监测工作，按照计划将用 2 年时间查清全省海域保护与利用底数，建立海域使用状况数据库，进一步加强海洋资源监管，提高海洋管理的科学化、精细化水平。

（三）天津市海洋经济发展趋势

1. 推动邮轮产业提质增效

2021 年 9 月，《天津市人民政府办公厅关于加快天津邮轮产业发展的意见》出台，提出将通过发展邮轮旅游、制造维修、用品采购供应、港口服务等全链条邮轮产业，推动天津邮轮产业转型升级，持续提升知名度、影响力和吸引力，为促进天津经济高质量发展做出贡献。《天津市邮轮产业发展"十四五"规划（2021—2025 年）》强调围绕"一基地三区"功能定位，促进邮轮复航和邮轮产业发展，大力引进国际邮轮公司在天津设立区域总部，争取更多邮轮公司选择天津作为始发港，鼓励国际邮轮公司开辟和运营母港航线；加大与国际邮轮公司和京津冀三地旅行社联合开发入境游线路力度，增加入境游航次，充分利用 144 小时过境免签、外国人口岸签证政策，吸引外国游客在津旅游消费。

2. 实现天津港全面绿色智慧转型

天津港这座百年大港，目前拥有 135 条航线，同全球 200 多个国家和地区的 800 多个港口保持贸易往来；在内陆腹地设立 120 余家服务网点，开通 42 条海铁联运通道。2021 年，集装箱吞吐量突破 2000 万标准箱，同比增长 10%以上，三年复合增长率领跑全球十大港口。2022 年 5 月，天津市港航管理局印发《天津市港航管理局 2022 年工作要点》，提出加快建设绿色低碳港口，推进天津港绿色智慧发展；严格为船舶提供污染物接收企业备案管理，严格落实港口船舶污染物多部门联合监管机制；及时跟踪天津港集团 2022 年智慧港口建设任务和"十四五"期间的智慧港口建设规划开展情况，从行业政策和资金奖励方面予以支持保障；大力发展智慧化运营，持续组织港口经营单位推进集装箱码头大型设备的智能化改造，不断完善"关港集疏港智慧平台"功能，实现 5G技术、无人驾驶集装箱卡车、ART的规模化应用。

（四）山东省海洋经济发展趋势

1. 持续推进海洋强省建设

山东海洋强省建设步履不停。2021 年 11 月，《山东省"十四五"海洋经济发展规划》出台，确立了构建"一核引领、三极支撑、两带提升、全省协同"的发展布局，山东省将以青岛为引领，以烟台、潍坊、威海为增长极，发挥黄河三角洲高效生态海洋产业带、鲁南临港产业带作用，持续推进海洋强省建设。2022 年山东省政府工作报告中提出，要坚定不移推进海洋强省建设，开展新一轮海洋强省建设行动，打造海洋高质量发展战略要地，具体为加快建设世界一流海洋港口、积极构建现代海洋产业体系、坚决筑牢蓝色生态屏障。2022 年 3 月，山东省委、省政府印发《海洋强省建设行动计划》，加快海洋强省建设。

2. 全力推进青岛引领型现代海洋城市建设

青岛打出政策"组合拳"，赋能引领型现代海洋城市建设。2021 年 4 月，青岛印发《经略海洋攻势 2021 年作战方案（3.0 版）》，确立了海洋产业、海洋科技、对外开放、海洋港口、海洋生态、海洋文化六大目标，加快全球海洋中心城市建设。2022 年 2 月，青岛出台第一部精准支持海洋经济发展的综合性产业政策——《青岛市支持海洋经济高质量发展 15 条政策》，具有全国领先性和开创性，推动海洋传统产业转型升级，促进海洋新兴产业突破发展；2022年3月—4月，又相继出台了《引领型现代海洋城市建设三年行动计划（2021—2023年）》《关于加快打造引领型现代海洋城市助力海洋强国建设的意见》，明确了海洋新兴产业发展时间表、路线图和责任人，建成了"1+1+1"的政策支撑体系。

3. 加快布局海上风电规模化开发

山东海上风电资源丰富，加之台风侵扰少，具有得天独厚的海上风电开发前景。2021年，华能山东半岛南3号、南4号海上风电项目建成并网，实现了海上风电"零突破"。其中，作为目前国内应用单桩基础水深最深、单机容量最大的海上风电场之一，华能山东半岛南4号海上风电项目创造了多个"全国第一"，为我国建设大容量海上风电机组提供了宝贵经验。《山东海上风电发展规划（2021—2030年）》指出，将聚焦渤中、半岛北、半岛南三大片区，全力打造千万千瓦级海上风电基地；加快启动平价海上风电项目建设，推动海上风电与海洋牧场融合发展试点示范，探索海上风电项目与其他开发利用方式分层立体开发，发挥海域资源利用的综合效益，推动海上风电规模化发展。

执笔人：郑　慧（中国海洋大学）

张　丽（中国海洋大学）

2
东部海洋经济圈海洋经济发展形势

一、东部海洋经济圈发展现状

东部海洋经济圈主要包括江苏省、上海市和浙江省的海域与陆域，地处我国沿海地区的中心区位。作为长江三角洲沿岸地区组成的经济区域，东部海洋经济圈具备良好的市场环境与基础产业，凭借海洋科技的创新驱动与特色产业的集群效应，成为推动海洋产业现代化发展的"领军力量"。

（一）东部海洋经济圈海洋经济发展规模

1.海洋生产总值

作为"十四五"开局之年，2021年东部海洋圈海洋生产总值继续保持"十三五"期间的动态上升趋势，实现了新冠肺炎疫情下的"反弹式"增长。"十三五"期间，东部海洋经济圈的海洋生产总值由2016年的20668亿元增长至2020年的25698亿元，年均增长率达4.06%。得益于新冠肺炎疫情的有效防控和政治、经济、科技等配套政策的有效实施，2021年东部海洋经济圈海洋生产总值增长至29000亿元，在2020年基础上增长了12.8%，海洋经济呈现良好的发展态势（图3-2-1）。此外，从占全国海洋生产总值的比重来看，新冠肺炎疫情冲击下东部海洋经济圈的海洋生产总值占全国海洋生产总值的比重并未出现明显波动，2021 年与 2020 年的比重基本保持一致，总体维持在 32.1%左右，其主要原因是东部海洋圈的海洋经济产业体系完备，抗风险能力较强，未引发由新冠肺炎疫情风险导致的产业"暴雷"事件，使其保持了较高的国内市场占有额。

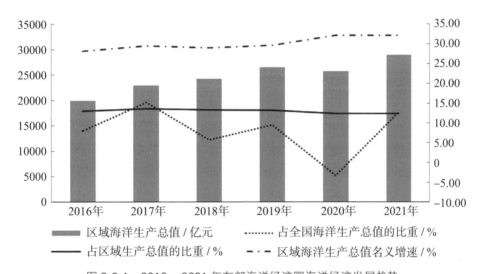

图 3-2-1　2016—2021 年东部海洋经济圈海洋经济发展趋势

（资料来源：《中国海洋统计年鉴 2017》《中国海洋经济统计年鉴 2018》《中国海洋经济统计年鉴 2019》《中国海洋经济统计年鉴 2020》《中国海洋经济统计公报 2020》《2021 年中国海洋经济统计公报》）

2. 主要海洋产业增加值

2021年东部海洋经济圈的主要海洋产业延续"十三五"期间整体稳定上升的趋势。主要海洋产业增加值约占区域海洋生产总值的1 / 3，与2020年基本持平，表明主要海洋产业依托其自身发展的稳定性和效益的连续性，在新冠肺炎疫情冲击后快速恢复并开拓出新的成长空间，仍旧是东部海洋经济圈海洋产业的重要组成部分。与2020年相比，2021年主要海洋产业增加值有所上升，出现了新冠肺炎疫情冲击后的回稳态势，这与东部海洋经济圈海洋生产总值的变化趋势相符，意味着本区域海洋经济与主要海洋产业的发展具有高度关联性与趋同性（图3-2-2）。

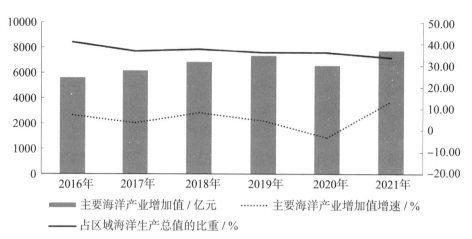

图 3-2-2　2016—2021 年东部海洋经济圈主要海洋产业发展趋势

（资料来源：依据历年《中国海洋经济统计年鉴》《中国海洋经济发展报告》以及各沿海地区公布数据计算得出）

（二）东部海洋经济圈海洋经济发展结构

1. 海洋产业结构

2021年东部海洋经济圈的海洋产业结构分布基本保持不变，海洋三次产业结构为4∶36∶60，与"十三五"期间构成比例基本一致。其中，海洋第三产业增加值的增长速度高于海洋第一产业与海洋第二产业，且占比超过50%，是东部海洋经济圈的核心组成部分。受新冠肺炎疫情影响，2020年海洋第三产业增加值有所下降，但随着新冠肺炎疫情的动态清零和维稳产业发展等利好政策的颁布与实施，海洋旅游业、海洋交通运输业等第三产业迎来相对稳定的发展期，2021年东部海洋经济圈的海洋第三产业增加值明显回升。从第一产业与第二产业的发展来看，2021年延续了2016—2020年整体上扬态势，尤其是第二产业增加值上升明显。此外，从海洋经济的三次产业结构占比来看，与2020年相比，2021年依旧保持了以第三产业为主，第一、二产业为辅的产业结构布局，且第三产业份额进一步提升，产业结构持续优化（图3-2-3）。

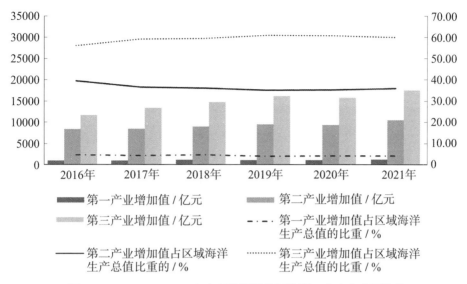

图 3-2-3　2016—2021 年东部海洋经济圈海洋三次产业发展趋势
（资料来源：依据历年《中国海洋经济统计年鉴》《中国海洋经济发展报告》数据计算得出）

2.海洋经济空间结构

　　2021 年东部海洋经济圈的空间结构特征与"十三五"期间基本一致，继续维持均衡增长态势，但海洋生产总值与 2020 年相比有明显上升。从 2021 年各沿海地区海洋生产总值的数据来看（图 3-2-4），均衡发展是东部海洋经济圈的显著特征，上海虽略强于浙江、江苏，但浙江与江苏发展态势迅猛，发展动力充足，具备赶超上海的潜力。与 2020 年相比，东部海洋经济圈各沿海地区的海洋生产总值均出现明显上升趋势，其原因在于各地方政府应对新冠肺炎疫情的防控措施和经济激励措施效果逐渐显现，海洋经济在新冠肺炎疫情背景下发展动力充足，产业端与企业端的风险管控措施得当，新冠肺炎疫情对海洋经济的影响渐渐受到控制。

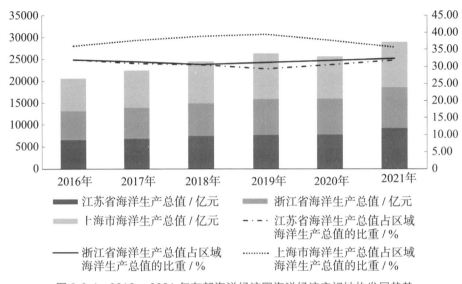

图 3-2-4　2016—2021 年东部海洋经济圈海洋经济空间结构发展趋势
（资料来源：依据历年《中国海洋经济统计年鉴》《中国海洋经济发展报告》数据计算得出）

二、东部海洋经济圈海洋经济发展特征

（一）江苏省海洋经济发展特征

江苏省临海拥江，区位优势独特，海洋资源禀赋富有特色，是连通南北门户、走向海外的重要枢纽，其管辖海域面积约 3.75 万平方千米，海岸线长954 千米，拥有全国最大面积的滨海湿地。近年来，江苏省海洋经济发展成果显著，发展质量高效，海洋科技发展动力充足，港口贸易增长态势强劲，为"十四五"时期海洋经济实现跃升奠定了坚实基础。

1. 海洋经济复苏明显，发展质效稳步提升

江苏省坚持江海联动，稳步推进陆海统筹，有效拉动省内海洋经济增长，持续推进海洋经济高质量发展。据《2021 年江苏省海洋经济统计公报》显示，2021 年江苏省海洋生产总值稳步提升，占全省地区生产总值的 7.9%。分行业来看，主要海洋产业稳步提升，海洋"科教管服"奋起直追。2021 年，全省

主要海洋产业增加值 3635.5 亿元，比上年增长 16.1%；海洋科研教育管理服务业增加值 1784 亿元，比上年增长 8.3%；海洋相关产业增加值 3828.8 亿元，比上年增长 11.2%。三者占全省海洋生产总值的比重，分别为 39.3%、19.3% 和 41.4%。分地区来看，江苏省内"全员行动""海港""江港"齐发联动。沿海地区（南通、连云港、盐城）海洋生产总值为 4818.1 亿元，比上年增长 10.6%，占全省海洋生产总值的比重为 52.1%；沿江地区（南京、无锡、常州、苏州、扬州、镇江、泰州）海洋生产总值为 4351 亿元，比上年增长 14.8%，占全省海洋生产总值的比重为 47%；非沿海沿江地区（徐州、淮安、宿迁）海洋生产总值为 79.2 亿元，比上年增长 8.4%，占全省海洋生产总值的比重为 0.9%。总的来看，江苏省充分调动全省优势力量，充分发挥海、江、河、湖联动优势，推动省域内海洋经济的全面发展。

2. 海洋科技赋能动力强劲，新兴产业提质扩能

江苏省现代化、高效化的海洋科技成果丰硕，以创新驱动海洋经济高质量发展的态势进一步增强。从三次产业结构来看，第三产业稳步增长，海洋数字经济加速发展。2021 年全省海洋第一、二、三产业的增加值分别为 536.7 亿元、4311.1 亿元、4400.5 亿元，其中，海洋第三产业增加值占江苏省海洋生产总值的 47.6%，替代海洋第二产业跃居三次产业首位。从海洋科技赋能产业发展成效来看，江苏省不仅在沿海城镇、港口、交通干线、重点园区等打造 5G 全面商用标杆，创设"5G+工业互联网"融合应用先导区，加速培育世界级海洋工程装备先进制造业集群，还积极推进"长三角工业互联网一体化发展示范区"建设，以苏南国家科技成果转移转化示范区和G60 科创走廊为战略支撑点，联合开展基础研究，深入推进海洋经济数字化转型，推动建设省级海洋大数据共享应用平台，提升辐射全国的工业互联网创新发展引领能力。截至 2021 年，江苏省拥有全球"灯塔工厂"8 家，累计建成省级智能制造示范工厂 138 家、示范车间 1639 个，省级重点工业互联网平台、行业级工业互联网标杆企业累计分别达到 86 个、135 家，"上云"企业累计超过 35 万家。此外，在细分市场领域，高科技制造业取得重要突破，江苏亚星锚链股份有限公司全球首制的R6 级海洋系泊链实现产业化运用，由招商工业海门基地建造的中深水半潜式钻井平台"深蓝探索"获得挪威船级社全球首个Smart智能船级符号，该平台拥有超高强度系泊链、高效钻井系统集成应用等多项国内和全球首制的创新技术。

3. 港口贸易快速增长，船舶工业及交通运输业统筹发展

2021年江苏省港口吞吐量依旧保持高增长态势，船舶贸易再创新高，海洋交通运输业成效显著。具体来看，港口吞吐量方面，2021年江苏省沿海沿江规模以上港口完成货物吞吐量26.1亿吨，比上年增长4.4%；集装箱吞吐量2099.1万标准箱，比上年增长14.4%；而全国前十大内河港口中，江苏省占据七席，其中前五名（苏州港、泰州港、江阴港、南通港、南京港）均属江苏省辖内。船舶贸易方面，2021年江苏省新承接订单量大幅增长，全省造船完工量、新承接订单量、手持订单量三大造船指标继续领跑全国，全年新承接订单量3620.8万载重吨，比上年增长162.9%；手持订单量4839.8万载重吨，比上年增长70.6%；造船完工量1642.7万载重吨，比上年下降5.2%，船舶工业快速发展为海洋运输业赋能助力。海洋交通运输方面，2021年，江苏完成水运建设投资177亿元，同比增长14.7%；建成万吨级以上泊位12个、千吨级以上泊位12个，建成航道56千米、桥梁15座、船闸1座；一类维护航道通航保证率达98%，船闸通航时间保证率达98%以上，航标正常率达99%以上。与此同时，江苏省宿连航道整治工程完工，西起京杭运河宿迁城区段，东至连云港疏港航道，为苏北地区主动融入"一带一路"倡议提供重要交通基础设施支持；太仓港疏港铁路专用线开通，逐步实现江苏沿海重点港区疏港铁路专（支）线全覆盖。

4. 三市领衔，打造全省海洋经济一体化发展布局

江苏省以连云港市、南通市、盐城市沿海三市为发展龙头，领衔全省海洋经济发展，并联动沿江、内陆城市，打造全省海洋经济一体化发展布局。其中，南通市"向海而兴"建设先进制造集群，集中打造我国大型船舶和海工基地。2021年南通市新承接船舶订单量431.3万载重吨，手持船舶订单量742万载重吨，同比增长31.9%、30.2%；全市海洋工程装备制造营业收入实现412.2亿元，同比增长47.68%，建成国家新型工业化产业示范基地、船舶

高新技术产业化基地、船舶出口基地。连云港市则以海洋交通运输业、海洋旅游业、海洋渔业三大传统产业为支柱，以海洋工程装备制造业、海洋药物和生物制品业、海洋电力业、海水淡化与综合利用业等海洋新兴产业为发展点，推进规模稳步提升，形成现代海洋产业发展新格局。目前，连云港市拥有省级及以上涉海重点实验室、科技公共服务平台和工程技术研究中心 27 个，成立省级涉海产业技术创新战略联盟 2 个，海洋科技创新取得重大突破，海洋经济提质增速。盐城市将海洋经济发展聚焦于海洋可再生能源领域，截至 2021 年，盐城新能源装机容量达到了 1039 万千瓦，占江苏全省的 26.8%，成为全国海上风电发展的排头兵，也为全球海上风电合作提供了实践样板。江苏省沿海三市优势互补，形成差异化定位，助力全省海洋经济协同发展。

（二）上海市海洋经济发展特征

在有效的新冠肺炎疫情防控和统筹规划下，上海市海洋经济在 2021 年实现了强劲复苏，产业结构调整步伐加快，自主研发能力与日俱进，国际竞争优势稳步增强，现代海洋城市建设过程有条不紊。作为东部海洋经济圈极为重要的城市，上海市围绕"十四五"规划，在实现海洋经济稳中向好的基础上，不断增强科研创新能力，发展海洋新兴产业以寻找发展新动能，加快绿色发展转型助力"双碳"目标实现，推动海洋经济高质量发展迈向新高度。

1. 海洋经济恢复强劲，海洋生产总值再破万亿

尽管 2021 年新冠肺炎疫情不断反复，但在有力的防控措施和统筹规划下，上海市经济呈现出坚韧的复苏态势，海洋经济也已恢复至新冠肺炎疫情前水平，海洋生产总值再次突破万亿元。据《2021 年上海市海洋经济统计公报》显示，2021 年上海市海洋生产总值占全市地区生产总值的 24.0%，占全国海洋生产总值的 11.5%。其中，主要海洋产业增加值、海洋科研教育管理服务业增加值以及海洋相关产业增加值分别达到 25.72.8 亿元、4150.9 亿元以及 3642.6 亿元。与此同时，上海现代海洋城市建设成果明显，据《现

代海洋城市研究报告（2021）》榜单显示，上海在现代海洋城市榜单中与伦敦、新加坡、东京、纽约以及我国的香港位于第一梯队，其中上海在经贸产业活力以及科技创新策源上位于世界前列。上海在不断恢复海洋经济的同时，也在加快现代城市及产业体系建设，为全面激发海洋经济发展活力增添持久动力。

2.海洋产业布局特色明显，海洋新兴产业引领发展

2021年上海市海洋产业硕果累累，目前已基本形成了以临港和长兴岛双核引领，杭州湾北岸产业带、长江口南岸产业带、崇明生态旅游带协调发展，北外滩、张江等特色产业集聚的多点海洋产业布局。2021年，浦东新区和崇明（长兴岛）分别获批全国海洋经济创新发展示范城市和海洋经济发展示范区。其中，浦东新区海洋经济创新发展示范城市建设完成自验收，海洋工程装备制造业、海洋药物和生物制品业等产业加快协同集聚；崇明（长兴岛）海洋经济发展示范区建设持续发力，引进一批知名海洋科研机构和研究基地。与此同时，2021年上海市海洋先进制造业发展成果丰硕，在海工装备领域实现多项技术突破，中国船舶集团有限公司总部迁驻上海，"开拓一号"深海载重作业采矿车以及"深鳗Ⅱ"水下导向攻泥器等具有代表性的海工装备下水，上海振华重工自主研发的全球最高难度超低姿态岸桥投运。诸多成果证明，上海在高新产业以及海工装备领域成果显著。

3.海洋旅游业位居全国城市前列，海洋交通运输以及船舶工业恢复强劲

2021年上海市海洋产业复苏态势强劲，形成了以海洋旅游业为绝对核心，海洋交通运输业和海洋船舶工业加持发展的海洋经济增长模式。其中，海洋旅游业、海洋交通运输业和海洋船舶工业分列上海主要海洋产业前三名，分别占全市主要海洋产业增加值的58.3%、33.8%和5.4%。2021年上海市旅游接待人数达2.95亿人次，相较于2020年有较大回升，但仍不及2019年的3.70亿人次，而目前上海共有A级以上旅游景区（点）134个，较2020年增加了4个，并且上海作为滨海旅游城市2021年国内旅游收入占全国旅游收入的12.11%，位列第一。海洋交通运输业表现出良好发展态势，2021年上海港的港口吞吐量高达76970万吨，比2019年以及2020年高出近一亿吨。海洋船舶工业发展稳步向前，新承接订单量实现迅速增长。2021年上海市沪东中华和江南造船共交付10艘超大型集装箱船，同年我国首制全球最大型24000 TEU集装箱船成功出坞以及我国首艘大型邮轮实现坞内起浮。这一系列事件证明我国船舶工业技术实力与日俱增，全球影响力到达一个新的高度。

4."两核"地区成果斐然，地区竞争力凸显

上海市精准定位临港新片区和崇明区"两核"地区竞争优势，两区核心竞争力凸显。2021年临港新片区新兴产业不断发展，融资环境不断优化，海洋产业再创佳绩。临港新片区海洋创新园是国家海洋局授予的全国首家"国家科技兴海产业示范基地"，2021年获批上海市特色产业园区。海洋创新园区已集聚雄程海工、彩虹鱼海洋科技、上海泷洋船舶科技等15家头部企业，初步形成了"海洋+智能产业"创新业态。其中雄程工程参与国内外多项海上风电项目，"雄程3"号更是刷新了国内最长风电钢桩记录；上海泷洋船舶科技的全电推进保障船"海莱号"成为上海市首艘取得CCS证书的纯电动船，标志着滴水湖无人船试验区建设更进一步。崇明区海工装备制造产业突飞猛进，绿色生态发展能力与日俱进。2021年专注于海洋装备等高端装备的长兴产业园区共有50个项目在有序推进，其中上海交大国家海洋实验室开工建造，国家海洋装备技术中心也将落户园区。崇明区规划建设世界级生态岛，生态产业规模不断扩大，2021年渔光互补、宝岛渔村110兆瓦光伏发电示范项目建成并网发电，作为全市最大的渔光互补示范工程，预计年发电量可达1.4亿千瓦时。

（三）浙江省海洋经济发展特征

浙江省地处长三角地区南翼，是长江经济带的重要经济门户，其海岛总数3000余个、海岸线总长3.2万千米，均居国内第一位。在"十四五"开局之年，浙江省提出"要以解决问题为导向，建立目标、任务、项目三张清单，实打实地抓海洋强省建设工作"。2021年，在统筹新冠肺炎疫情防控和海洋经济发展的背景下，浙江省充分发挥海洋独特优势，突出创新驱动和产业集群发展，全方位推进海洋经济建设，着力将海洋产业打造成为浙江经济发展的新增长极。

1. 全省海洋经济持续增长，海洋实力稳步提升

浙江省把握发展的主动权，守住海洋发展底线，实现海洋经济持续增长，取得"十四五"期间海洋经济"开门红"。2021年，浙江省海洋经济实力加速提升，浙江省海洋港口的"硬核"力量显著增强，宁波舟山港货物吞吐量、集装箱吞吐量连续13年位居全球前列，其中年货物吞吐量首次突破12亿吨，集装箱吞吐量首次突破3000万标准箱；海洋科教创新能力持续提高，海洋科技重大攻关取得了一大批标志性成果，国产全平台远距离高速水声通信机突破全球最高指标，标志着我国自主远距离高速水声通信技术突破国外封锁；海洋基础设施网络不断完善，重大涉海铁路建设取得突破，甬金铁路站前工程5标完成了总体工程进度的约85%，甬舟铁路高速复线获初步设计批复，杭绍台高铁完成初步验收；海洋开放合作拓展不断深化，海洋生态文明建设水平明显提升，全省海洋港口一体化改革实质性推进。

2. "2+3+N"产业布局初见成效，海洋产业结构持续优化

浙江省初步形成了由油气全产业链集群和先进装备制造业集群构成的两大万亿级海洋产业集群，由现代港航物流服务业、现代海洋渔业和滨海文旅休闲业组成的三大千亿级海洋产业集群以及若干百亿元级海洋产业集群，"2+3+N"临港产业布局初见成效，产业结构持续优化。在油气全产业链集群方面，截至2021年底，舟山绿色石化基地二期项目建设基本完工，项目二期投产后，石化基地将实现4000万吨/年炼油能力、1040万吨/年芳烃和280万吨/年乙烯生产能力；在先进装备制造业集群方面，45500 DWT节能型散货船（道恩17）已顺利交付船东投入营运；在现代港航物流服务业集群方面，2021年，浙江舟山港持续织密集装箱航线网络和海铁联运网络，全港航线创下287条的历史新高，其中"一带一路"航线达117条，海铁联运班列增至21条；在现代海洋渔业集群方面，浙江省开展了国家渔船渔港精密智控建设试点，谋划构建智控系统，大幅提升了海上渔船风险防范智控水平；在滨海文旅休闲业集群方面，2021年全省文化和旅游在建项目共2857个，总投资20700亿元，实际完成投资2769.7亿元，指标完成率137.1%，实现"全年红"。

3. 海洋旅游业恢复强劲，海水淡化与综合利用业及交通运输业发展迅速

随着新冠肺炎疫情防控转入常态化防控阶段，浙江省海洋旅游业开始逐步恢复，海水淡化与综合利用业及交通运输业发展强劲。浙江主要海洋产业中，海洋旅游业是浙江省重点发展的海洋产业，2021年全年旅游人次和总收入分别恢复到2019年同期的85%和84%，虽然没有恢复到新冠肺炎疫情前水平，但海洋旅游业仍位居全国前列。2021年全省文化和旅游项目总数2857个，实际完成文化和旅游项目投资2769.7亿元，同比增长7.2%，完成年度计划137.1%。同时，我国九大滨海旅游城市中，浙江省的杭州、宁波两个城市的旅游收入分别占到了国内旅游总收入的5.22%和2.87%。浙江海水淡化与综合利用规模位居全国前列，海水淡化相关技术、材料优势突出，已在15个"一带一路"国家和地区推广使用，杭州水处理承建的浙石化海水淡化项目也是我国唯一入选2021全球水奖的工程项目。在海洋交通运输业方面，浙江省发展迅速，2021年全省沿海港口货物吞吐量为14.90亿吨，集装箱吞吐量3459万标准箱，同比分别增长了5.3%和5.2%，其中，宁波舟山港资助研发的集装箱码头生产操作系统具备千万级的标准型支撑能力，率先在国内实现了"规模化、全覆盖"的智能理货。

4. 宁波舟山港吞吐量领跑全球，成为省内"对外窗口"模范

2021年宁波舟山港以"硬核"力量助力港口贸易发展，继续充当对外交流的重要窗口，持续彰显港口发展的强大韧性和旺盛活力。2021年，宁波海洋经济创新示范城市创建溢出效应持续释放，海洋生产总值比上年增长16%，其中宁波舟山港的港口贸易发挥了重要作用。2021年，宁波舟山港货物吞吐量12.24亿吨，连续13年位居全球首位；集装箱吞吐量3108万标准箱，成为全球第三个跻身"超3000万箱俱乐部"的港口。与此同时，宁波舟山港在遭受新冠肺炎疫情冲击的背景下依旧发挥了全球供应链"定海神针"的作用，成为浙江对外沟通的重要窗口。作为国际港口管理局圆桌会议的成员之一，宁波舟山港与新加坡港在数字化、脱碳、港口开放等领域展开积极合作，并于2021年成立新加坡浙商（宁波）数字产业园，同步实现260家国内企业、50家新加坡企业列入园区招商数据库。

三、东部海洋经济圈海洋经济发展趋势

（一）江苏省海洋经济发展趋势

1."全省一盘棋"布局将有序构建，破局海洋经济地位"软肋"

江苏省将以突出高质量发展和"全省一盘棋"为导向，调整、优化全省海洋经济架构，打造"两带一圈"全域一体的海洋经济空间布局。目前，江苏省面临"靠海不吃海"，海洋经济长期落后于广东、山东、福建等沿海地区的尴尬局面，省内各城市海洋经济发展不协调，区域差异化发展不显著。为打破江苏沿海"群狼无首"的局面，2021年江苏省发布《江苏省"十四五"海洋经济发展规划》，强调将秉承"全省都是沿海，沿海更要向海"的理念，精准定位各城市功能，打造差异化竞争优势，形成以南通市为重点、盐城市和连云港市为辅助的南北向海洋经济发展"主战场"。其中，南通市坚持高起点、高标准建好江苏开放门户，按照国际一流标准建设通州湾长江集装箱运输新出海口，逐步建成"全国富有江海特色的海洋中心城市"；盐城市坚持"面朝大海、向海发展"，建设绿色发展示范区，支持海洋新能源、海洋生物、海水淡化与综合利用等海洋新兴产业集群化发展；连云港市坚持高质发展、后发先至，持续推进国际枢纽海港建设。江苏省将充分发挥各地比较优势，调整优化全省海洋布局，打造全域一体的海洋经济空间布局。此外，发挥南京、无锡、镇江等沿江城市海洋科教优势，做强南通、泰州、扬州海工装备和高技术船舶先进制造业集群，打造高水平沿江经济带，为培育涉海产业提供支持。

2.海洋渔业转型升级将不断推进，养捕结构进一步优化

江苏省促进传统海洋渔业稳健转型，养捕结构进一步优化。2021年，江苏省海水养殖和海洋捕捞产量合计129.5万吨，比上年下降3.4%，海洋渔业增加值比上年下降0.4%，是列入江苏海洋经济统计监测的10个主要海洋产业中唯一呈负增长的产业。为提振海洋渔业发展，提升海洋渔业发展质量，江苏省将进一步积极推进海洋牧场示范区建设，调整海水养殖模式和结构，发展生态、健康、绿色、安全养殖模式，推进紫菜产业绿色发展，提高渔业碳汇能力；强

化近海捕捞总量控制制度，培育优良水产品种，扶持远洋渔业发展，支持专业化南极磷虾的捕捞加工。同时，积极推进南通市如东、启东，连云港市海州湾以及盐城市滨海海域现代化海洋牧场建设，构建"一核心""三带""三区"的海洋发展格局，即以海州湾国家级海洋牧场区为核心建设公益性海洋牧场，以近岸牡蛎礁生态修复产业带、生态养殖产业带、装备型深水养殖综合开发利用带为"三带"，以资源养护型海洋牧场区、资源增殖型海洋牧场区、休闲型海洋牧场区为"三区"，优化水产养殖布局，推进海洋渔业转型升级。

3. 绿色海洋经济发展将进一步深化，建设人海和谐的海洋生态文明格局

江苏省将继续推动产业绿色发展，打造海洋可再生能源利用业高地。截至 2021 年底，江苏省海上风电装机容量累计达 1183.5 万千瓦，比上年增长 106.7%。2021 年海上风电发电量 185.5 亿千瓦时，比上年增长 65.6%，累计装机容量和年发电量均位居全国前列。为进一步巩固绿色海洋经济发展优势，未来，江苏省将加快建设近海千万千瓦级海上风电基地，进一步推进丰海、通海 500 千伏输变电工程等重点项目，规划研究深远海千万千瓦级海上风电基地；推进海洋生物能、潮汐能等海洋可再生能源的开发利用研究，探索商业化应用发展路径；积极推动可再生能源与海洋牧场融合发展，打造新能源产业集群，推广新能源应用，建设新能源应用示范城市。此外，为实现"双碳"目标，江苏省将加快推动低碳转型，实施以碳排放强度控制为主、碳排放总量控制为辅的制度，在保障能源安全供应的同时稳步推进碳减排，建设"近零碳"示范园区和示范工厂；同时，研究建立蓝色碳汇生态功能区，增强生态系统碳汇能力，加强海洋固碳技术研究，开展耐盐植物研究和贝藻类养殖碳汇技术攻关，统筹推进碳排放权、用能权等交易，促进江苏省海洋经济进一步"调绿"，打造绿色发展先行区。

4. 对外开放能力将持续提升，培育东西双向开放新优势

江苏省作为"一带一路"中路线的起始点，将全力打造以连云港市为核心的东西双向开放新枢纽，加快发展临港产业和现代海洋交通运输业，高水平融入国家"一带一路"建设。2021 年江苏省实现全省进出口总额 52130.6 亿元人民币，稳居全国第二位；2012—2021 年全省累计吸收外资超 2400 亿美元，占全国

比重保持在 18% 左右，为"十四五"全省开放发展创造了良好开局，切实发挥
"一带一路"和长江经济带建设枢纽作用。根据《江苏沿海地区发展规划（2021—
2025 年）》，江苏省将在长三角地区一体化发展战略的指导下，以服务"一带一
路"作为重要支撑点，与长江经济带协同发展，加速实现海陆联通的全方位开
放格局。同时，江苏交通运输部门积极打造江苏交通运输现代化示范区的新实
践，将为高水平融入共建"一带一路"和长江经济带发展，促进江苏沿海地区
高质量发展和区域协调发展提供坚强支撑。从"一带一路"起点中心城市来看，
连云港市将紧抓中国（江苏）自由贸易试验区连云港片区建设新机遇，打造便
捷高效的亚欧重要国际交通枢纽和"一带一路"交流合作平台，做强自贸试验
区涉海开放载体。在"十四五"期间，连云港将以满足不断增长的进出口贸
易需求为宗旨，加快建设赣榆港区液化、散货泊位以及徐圩港区 30 万吨级原
油码头，升级连云港区 40 万吨级矿石码头，助力其跻身世界级深水大港行列，
为"一带一路"建设与长三角地区同步发展赋能助力。

（二）上海市海洋经济发展趋势

1. 海洋综合实力将稳步提升，持续打造现代海洋新经济

上海市海洋经济不仅在新冠肺炎疫情之下表现出强劲的复苏态势，而且在
建设和增强现代海洋城市能力方面取得长足进步。据《上海市海洋"十四五"
规划》（以下简称《规划》），上海市海洋生产总值预期目标要达到 1.5 万亿元
左右，并且将进一步推动高端海洋装备、海洋生物医药等海洋新兴产业规模不
断壮大。《规划》显示，上海市实现海洋经济高质量发展的途径主要有：推进
构建以新型海洋产业和现代海洋服务业为主导的现代海洋产业体系；构建"两
核一廊三带"的海洋产业空间布局；推动涉海科研院所、高校、企业科研力量
优化配置和资源共享，推进海洋科技成果转移转化；拓展海洋开放合作领域积
极融入"长三角区域一体化发展"战略；提升海洋经济运行监测和研判能力，
加强市、区两级海洋经济运行监测与评估能力建设，构建现代海洋发展评价体
系。由《规划》可以看出，上海市一方面通过加速新兴产业布局以及发挥金融
服务业的支持作用以寻求海洋经济发展新动力，另一方面以进一步推动科技成

果转化、区域协同发展以及管理能力提升等方式推动海洋经济高质量发展，最后通过新动力以及各项能力效能的提升打造现代海洋城市。

2. 海洋产业空间布局将进一步巩固，助力海洋产业结构优化升级

上海市海洋产业空间布局取得较大成果，为进一步优化蓝色经济布局，上海市提出"两核一廊三带"的海洋产业空间布局。据《上海市国民经济和社会发展第十四个五年规划和二〇三五年远景目标纲要》显示，上海市将提升"两核"，即临港新片区、崇明长兴岛两大海洋产业发展核，集聚发展高端海洋产业集群，引导海洋产业链、创新链深度融合，打造上海提升全球海洋中心城市能级核心承载区，提升国际化水平和辐射能力。同时上海市将培育"一廊"，即依托陆家嘴航运金融、北外滩和洋泾现代航运服务、张江海洋药物研发、临港海洋研发服务等地发展基础，加强调查研究，支撑海洋产业政策规划编制和实施，培育海洋现代服务业发展走廊，增强对海洋经济及产业的服务水平。最后上海市将优化"三带"，即杭州湾北岸产业带、长江口南岸产业带、崇明生态旅游带，具体为依托临港、奉贤、金山发展海洋装备研制、海洋药物研发、海洋特色旅游，优化提升杭州湾北岸产业带发展能级；依托吴淞、外高桥等地发展邮轮产业、船舶制造、航运服务，推动长江口南岸产业带转型升级；依托崇明世界级生态岛建设，大力发展海岛旅游、渔港经济。

3. 海洋新兴行业将加快发展，着力构建现代海洋产业体系

上海市将继续充分发挥金融中心的优势，加大对海洋新兴产业的扶持力度，推动实现以高端海工装备、海洋医药和信息技术为代表的新兴产业更快的发展。2021年上海市海洋新兴产业中，海洋电力业、海洋药物和生物制品业实现较快增长，同比名义增长分别为47.7%和48.1%。据《上海市国民经济和社会发展第十四个五年规划和二〇三五年远景目标纲要》，上海市将在结合上海产业基础和技术布局的前提下，聚焦于第六代通信、下一代光子器件、脑机融合、氢能源、干细胞与再生医学、合成生物学等方面的技术突破，加强科研攻关能力以及前瞻规划水平，为未来产业发展奠基。同时，《上海市国民经济和社会发展第十四个五年规划和二〇三五年远景目标纲要》指出，上海市现代产业体系着力于海洋新兴产业并要充分利用现代金融服务业以及上海金融中心的优势，协同推进深远海资源勘探开发、深潜器、海水利用、海洋风能和海洋能等一系列高端装备开发制造与应用。同时上海市将深度融合现代信息技术与海洋产业，支持发展海洋信息服务、海底数据中心建设及业务化运行。最后要推动建设全国规模最大、产业链最完善的船舶与海洋工程装备综合产业集群。

4. 临港新片区高新技术驱动力将不断提升，长兴海洋装备岛创新力将持续发展

两大核心区将继续发挥各自区域特色优势，各自形成一批具有较强竞争力的产业。据《上海市国民经济和社会发展第十四个五年规划和二〇三五年远景目标纲要》，临港新片区与崇明海洋经济发展区将分别着力于高新技术产业以及海工装备。临港新片区将依托海洋创新园等载体，瞄准全球海洋科技发展前沿，围绕"海洋+智造"主线，聚焦海底探测与开发、极地海洋、海洋智能装备、海洋生物医药等领域，着力打造蓝色产业集群。鼓励临港新片区生命蓝湾发展海洋生物医药，探索建立海洋基因库。依托高校、临港海洋高新技术产业化基地，协调推进国家海底观测网临港基地、海上试验场等海上设施建设。聚焦海洋基础数据及海洋产业数据，支持建设全球海洋大数据平台。崇明（长兴岛）海洋经济发展示范区建设，聚焦海洋工程装备制造业发展模式创新，协调推进海洋科技创新示范基地、海洋装备协同创新园建设，打造海洋装备产业集群，重点发展高端船舶、海洋工程装备产业，提升海洋装备智能制造水平。以深海重载作业集成攻关大平台为依托，服务现代化海洋装备研究中心建设，不断增强船舶海工装备领域共性基础技术、核心关键技术、前瞻先导性技术等研发能力。

（三）浙江省海洋经济发展趋势

1. 海洋空间将持续拓展，深化合作助力"走向深蓝"

浙江省将进一步推进海洋强省建设，持续推进海洋经济、海洋港口、海洋开放等领域建设，积极推动跨省域、跨国别合作，打造国际海洋竞争与合作的新优势。就跨省域而言，浙江省将进一步加强与长江沿海港口城市的合作，积极发展从宁波舟山港到长江干线的货物江海联运与直达运输，合力打造高能级多式联运服务体系，共筑长江经济带江海联运服务网；另一方面，浙江省还要积极推动长三角世界级港口群治理一体化建设，加强宁波舟山港与上海港之间的跨地区合作，共推长三角一体化港航协同发展。就合作开放而言，浙江省一方面将进一步加强与东南亚等"一带一路"沿线国家合作，通过在宁波高水平建设"17+1"经贸合作示范区等方式，深化与合作区内各国在海洋领域的贸易合作，加速形成以"一带一路"沿线国家为重心的全球化港口布局，共建"一带一路"国际贸易物流圈；另一方面，浙江省将积极把握区域全面经济伙伴关系协定（RCEP）签署的机遇，支持电子世界贸易平台（eWTP）全球化布局，推动港口内外畅通，提升航线全球连通的深度和密度，积极参加国际海洋经贸合作。

2. 临港产业集群将加快构建，驱动省内联动发展

为进一步发挥海洋经济规模优势，提高国际产业竞争力，浙江省将坚持走集约化发展之路，聚集优势资源，聚力打造若干产业集群，同时驱动省内产业联动发展，实现"全省域"共同发展海洋经济。在油气产业链方面，将鼓励大型油气贸易企业在宁波、舟山等进行储存中转作为任务重心，进一步提高对海底储油的研究力度，努力成为国际油气资源配置中心。在海洋船舶工业方面，浙江省将大力开展国际豪华邮轮等船舶维修业务，支持舟山建设成为世界一流的船舶修造基地。在海洋旅游业方面，浙江省将进一步加强对海洋非物质文化遗产馆等海洋文化基础设施的建设，以高标准建设一批海洋考古文化旅游地，力争成为"中国最佳海岛旅游目的地""国际海鲜美食旅游目的地""中国海洋海岛旅游强省"。同时，浙江省未来也将会在海洋数字经济、海洋新材料等多个产业持续发力，逐步形成"完整"产业链，共筑若干临港产业集群。

3. 海洋产业将加速提质增效，推动传统产业转型升级

浙江省持续将"绿色"理念融入海洋经济，促进海洋产业的高质量、可持续发展，推动海水养殖、交通运输、临港制造等传统产业转型升级。在海水养殖方面，促进海洋渔业绿色健康发展，制定落实县域养殖水域滩涂规划，降低浅海贝藻的养殖风险，为深水网箱发展提供保障；另外，以规划为指导，在逐渐扩大贝藻养殖面积的同时，还要进一步开发深海养殖智能化技术，以此促进高品质大黄鱼养殖产业的高质量发展，支持海洋渔业转型升级。在交通运输方面，浙江省将大力构建绿色海上运输流通系统，通过发展多式联运等先进物流模式的渠道，推动浙江嘉兴海河联运枢纽等示范工程建设，促进浙江省交通运输体系转型升级。在临港制造方面，浙江省将持续改进船舶制造产业结构，建立国内先进的绿色临港装备制造基地，进一步落实船舶修理制造业的绿色建设与治理。最后，在海洋科技方面，浙江省将强化海洋绿色发展科技支撑，构建海洋实验室创新体系，支持海洋科技的持续升级，进一步推动海洋科技的高质量可持续发展。

4. 宁波舟山将着力建设海洋中心城市，打造海洋逐梦新蓝图

浙江省将进一步推动宁波舟山共建海洋中心城市，集聚海洋经济优势资源，发挥宁波舟山领先的海洋核心竞争力，带动全省地区围绕"海洋"大展宏图。宁波将不断加强海洋资源保护与陆海统筹水平，迎合深海养殖、海洋工业、休闲旅游等海洋产业需求，融合智能分析平台、海洋智能感知网、智慧应用平台，构建海洋"最强大脑"；同时，宁波市将进一步对标新加坡、深圳等国内外先进海洋城市，将经略海洋置于城市发展的战略位置，聚力建设具有国际影响力的港航贸易中心、海洋经济中心、海洋科创中心、海洋文化交流中心和滨海宜居之城，奋力打造全球海洋中心城市。关于舟山，未来将加快构建现代海洋产业体系，将海洋项目与产业作为发展重点，打造临港先进制造业、高端石化、现代渔业、海洋旅游业等产业集群，大力发展以海洋清洁能源利用为代表的海洋新兴产业，促进临港服务业集聚发展，着力构筑未来产业新优势。宁波舟山将进一步强化全市域的海洋意识、沿海意识和开放意识，系统谋划实施海洋经济高质量发展的新抓手，更好地助力海洋强省、强国建设。

执笔人：王　　垒（中国海洋大学）

3
南部海洋经济圈海洋经济发展形势

一、南部海洋经济圈海洋经济发展现状

（一）南部海洋经济圈海洋经济发展规模

南部海洋经济圈包括福建、珠江口及其两翼、北部湾、海南岛沿岸及海域，在行政区划上对应福建、广东、广西和海南4个省（区）。该区域海域辽阔、资源丰富、战略地位突出，是我国对外开放和参与经济全球化的重要区域，是具有全球影响力的先进制造业和现代服务业基地，也是我国保护开发南海资源、维护国家海洋权益的重要基地。

1.海洋生产总值

2016—2021年，南部海洋经济圈海洋生产总值稳中有升，占区域GDP的比重超过18%。2021年南部海洋经济圈海洋生产总值为35518亿元，占全国海洋生产总值的比重为39.3%，占比居三大经济圈之首，比2020年名义增长13.2%，超过新冠肺炎疫情前的增长水平（图3-3-1）。

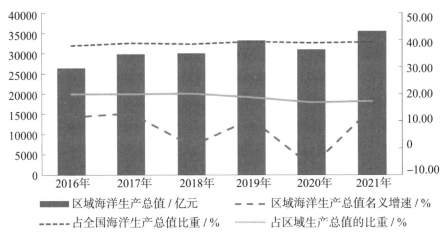

图 3-3-1　2016—2021 年南部海洋经济圈海洋经济发展趋势

（资料来源：《中国海洋统计年鉴 2017》《中国海洋经济统计年鉴 2018》《中国海洋经济统计年鉴 2019》《中国海洋经济统计年鉴 2020》《2020 年中国海洋经济统计公报》《2021 中国海洋经济统计公报》）

2. 主要海洋产业增加值

2016—2021 年，受新冠肺炎疫情冲击和复杂国际环境的影响，南部海洋经济圈主要海洋产业增加值有所波动，但基本上呈增加趋势，占区域海洋生产总值的比重基本维持在 40% 左右。2021 年南部海洋经济圈多措并举助力海洋经济发展，主要海洋产业增加值较 2020 年大幅上升，增势强劲，基本恢复至疫情前水平，充分展现了海洋经济发展的韧性和活力（图 3-3-2）。

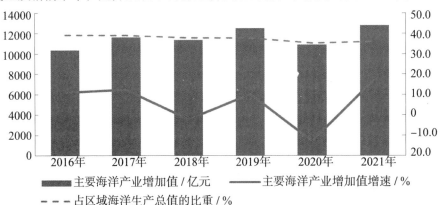

图 3-3-2　2016—2021 年南部海洋经济圈主要海洋产业发展趋势

（资料来源：依据历年《中国海洋经济统计年鉴》《中国海洋经济发展报告》以及各沿海地区公布数据计算得出）

（二）南部海洋经济圈海洋经济发展结构

1. 海洋产业结构

2016—2021年，南部海洋经济圈第三产业增速显著，"三、二、一"产业结构布局保持稳定。2021年海洋三次产业占比为5.2：28.4：66.4，与2016年相比，第三产业的份额显著增加（图3-3-3）。

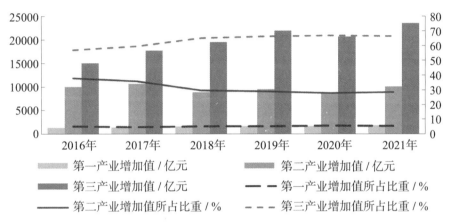

图 3-3-3　2016—2021 年南部海洋经济圈海洋三次产业发展趋势
（资料来源：依据历年《中国海洋经济统计年鉴》《中国海洋经济发展报告》数据计算得出）

2. 海洋经济空间结构

南部海洋经济圈海洋经济发展以广东为引领，福建次之。2016—2021年，广东、福建、广西、海南海洋生产总值占南部海洋经济圈海洋生产总值的平均比重分别为57.7%、32.6%、4.9%和4.8%。2021年，广东与海南海洋生产总值占南部海洋经济圈海洋生产总值的比重较上一季度小幅上升；福建和广西海洋生产总值占比有所下降。（图 3-3-4）。

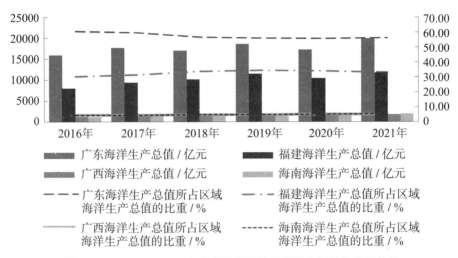

图 3-3-4　2016—2021 年南部海洋经济圈海洋空间结构发展趋势

（资料来源：依据历年《中国海洋经济统计年鉴》《中国海洋经济发展报告》数据计算得出）

二、南部海洋经济圈海洋经济发展特征

（一）福建省海洋经济发展特征

福建省海域面积 13.6 万平方千米，大陆海岸线长 3752 千米，海岛 2214 个，均居全国第二位，可建万吨级以上泊位的深水岸线 210.9 千米，居全国首位。2021 年福建省海洋生产总值超过 1.1 万亿元，位居全国前列。

"十三五"期间，福建省已逐步形成"一带六湾多岛"的区域海洋经济发展格局；"十四五"期间，福建省将加快建设现代海洋产业体系，把培育、壮大海洋产业与优化海洋开发空间布局结合起来，着力培育特色鲜明的优势产业集群，推动海洋产业百亿、千亿产业集群发展壮大。福建省多区叠加优势明显，通过主动融入"一带一路"建设，借助区域全面经济伙伴关系协定（RCEP）深度融入国际分工，构建国内国际双循环重要通道。

1. 多措并举，推动现代渔业转型升级

加快海上养殖转型升级，推动水产养殖业绿色高质量发展。2021年4月，福建省政府印发《海上养殖转型升级行动方案》，集中开展海上养殖转型升级，前十个月，全省改造塑胶渔排3.3万口，贝藻类筏式养殖浮球5.8万亩，新建深水抗风浪网箱114口。"耕"深海"牧"远洋。福建出台新一轮推动远洋渔业高质量发展八条措施，对装备更新改造、渔获运回、产业链建设等全面加大扶持力度，推进远洋渔业提质增效。2021年，福建更新改造远洋渔船34艘，远洋渔业产量超60万吨，综合实力居全国前列；加快建设福建（连江）国家远洋渔业基地，新增投资1.6亿元；持续建设马尾、福清国家骨干冷链物流基地，远洋渔业企业投资的平潭国际海洋产业物流园、马尾深海时代产业园等建成投产；深海装备养殖试点项目顺利推进，深海养殖装备租赁试点首台（套）——"闽投1号"在福建省连江县开工建造，标志着福建深海装备养殖进入新阶段，开启迈向建设"海上牧场"的新征程。

2. 先行先试，抢占海洋碳汇制高点

厦门在《加快建设"海洋强市"推进海洋经济高质量发展三年行动方案（2021—2023年）》中将发展海洋碳汇列入十项重点任务之一。2021年7月，厦门产权交易中心设立了全国首个海洋碳汇交易平台，同年9月，泉州洛阳江红树林生态修复项目2000吨海洋碳汇在该交易平台顺利成交，实现全省海洋碳汇交易零突破。同时，厦门也是全国首个将海洋碳汇融入绿色金融标准建设的城市，致力于打造海洋碳汇与绿色金融融合发展的"厦门样板"。

3. 数字赋能，加快智慧海洋建设

福建以"智慧海洋1234工程"建设为抓手，加快推进海洋信息通信"一网一中心"建设。截至2021年底，福建已建成国内领先的海洋环境立体观测网，在全国率先实现了以北斗为基础的海洋渔船动态监控管理系统全覆盖，初步实现了全省1.3万艘海洋渔船24小时"看得见"的目标，率先开展"5G+智慧渔港"建设，试点Ku频段高通量卫星的渔船应用，通过近海和远洋渔船测试，验证了"宽带入海"的技术和商业可行性。2021年，福州市率先试点高通量卫星互联网项目，全省近4000艘渔船已安装宽带卫星、高通量卫星电

话，全国首个基于 5G 通信、卫星导航、无人驾驶等高科技的"智慧港口 2.0"在厦门远海码头正式进入商业运营阶段。2021 年 5 月，福建省与重庆市、山东省共同启动北斗综合应用示范项目，福建作为国内首个民用示范应用项目落地的省份，将在海上安全、海岛综合管理、安全应急管理、新能源产业等领域打造一批典型卫星应用。同年 6 月，"海丝二号"卫星搭载长征 2 号丁运载火箭在太原卫星发射中心发射升空，将对近海及流域生态环境观测起到重要作用，为精细化监测赤潮和溢油提供有力的手段。

4. 丝路海运，助力"一带一路"高质量发展

一是持续深化互联互通建设，推动"丝路海运"走深走实。2018 年 12 月，福建率先开行了国内首个以航运为主题的"一带一路"国际综合物流服务品牌——"丝路海运"。2021 年福建设立专项资金，每年 2 亿元连续三年对"丝路海运"港航发展给予支持。截至 2021 年 12 月，福建省审核拨付促进航运业发展第 9 批省级专项补助资金超过 2000 万元，各地配套政策合计拨付扶持奖励资金超过 1.2 亿元。同时，"丝路海运"信息化平台启动建设，力争通过汇聚"关—港—航—贸"等多维度数据资源，提供更加优质高效便捷的国际物流解决方案。2021 年福建与"一带一路"沿线国家和地区进出口额为 6446 亿元，增长 31.8%，占同期全省货物贸易进出口总额的 34.9%，东盟稳居福建省第一大贸易伙伴。

二是积极构建"丝路海运+"产业生态圈。根据《2021 年全球港口发展报告》，厦门港 2021 年集装箱吞吐量为 1204.64 万标准箱，占福建全省比重的近 70%，同比增长 5.62%，超越比利时港口安特卫普，全球港口排名上升至第 13 位。2021 年 7 月，中印尼"两国双园"贸易先行首批海产品冻柜从印尼雅加达出发，成功抵达江阴港区，标志着印尼·雅加达—中国·福清江阴"两国双园"海上大通道正式开通。《区域全面经济伙伴关系协定》（RCEP）生效将进一步扩大福建的"海上朋友圈"，为福建深度参与国际经贸合作带来更多机遇。

（二）广东省海洋经济发展特征

广东省拥有全国最长海岸线，将海洋经济发展作为地区经济社会发展的重要动力，逐步形成了以海洋渔业、海洋油气、海洋船舶、海洋化工、海洋交通运输和海洋旅游为主导，以海洋矿业、海洋盐业、海洋生物医药、海洋工程建筑、海洋电力、海水利用等为重要补充的海洋产业体系。经初步核算，2021年广东省海洋生产总值达19941亿元，占全国海洋生产总值的22.1%，同比增长15.6%，高于地区生产总值增速0.3个百分点，对地区经济增长的贡献率达到16.4%，拉动地区经济增长2.0个百分点，连续27年位居全国首位。

"十四五"时期，广东将以高质量发展为主题，以深化供给侧结构性改革为主线，推动陆海一体化发展，加快形成"一核、两极、三带、四区"的海洋经济发展空间布局，建成4类、10个海洋经济高质量发展示范区；以打造海洋产业集群为抓手，培育、壮大海洋新兴产业，推动传统优势海洋产业转型升级，打造5个千亿级以上海洋产业集群，计划投资超4000亿元。

1. 统筹协调陆海经济，形成特色鲜明的区域海洋经济发展格局

一是珠三角核心区海洋经济发展能级持续提升。涉海制造业优势不断凸显，在船舶与海工装备方面已形成广州、深圳、珠海、中山等规模和水平居世界前列的制造基地。世界级港口群加快建设，广州、深圳国际枢纽港功能不断增强。基础设施互联互通进程加快，深中通道建设有序推进，粤澳新通道（青茂口岸）开通启用。推进横琴、前海两个合作区建设，加强粤港、粤澳合作。2021年，横琴粤澳深度合作区实现地区生产总值454.63亿元，同比增长8.5%，前海深港现代服务业合作区（扩区后）实现地区生产总值1755.7亿元，同比增长10.5%。截至2021年底，横琴实有澳资企业4761户，前海累计注册港资企业1.19万家。

二是沿海经济带产业支撑不断强化，东西两翼新增长极加快形成。推动重大产业项目向沿海经济带东西两翼布局建设，湛江巴斯夫（广东）一体化基地、中科（广东）炼化一体化、茂名烷烃资源综合利用、汕尾陆丰核电、揭阳大南海石化、汕头大唐南澳勒门Ⅰ海上风电等重大项目加快推进。海上风电、海工装备、海洋生物、绿色石化、海洋旅游产业链不断延伸。汕头、湛江两个省域副中心城市建设加快推进。

2. 做强现代海洋产业，提升优势产业国际竞争力

一是海上风电发展迅速。2021年新增投资超700亿元，共有21个海上风电项目实现机组接入并网，新增海上风电并网容量约550万千瓦，占国内新增海上风电接入总容量近1／3，累计并网总容量突破650万千瓦，同比增长545%，超额完成年度目标。

二是海洋装备制造成效显著。2021年，全球首台抗台风型漂浮式海上风机成功并网发电；全球最大双层变轨滚装火车船交付第二艘"玛雅"号；自主设计建造的全球最大火车专用运输船"切诺基"号交付；全国首艘双燃料多用途气体运输船"宏利"轮交付；国内7800千瓦超大型智能化自航绞吸挖泥船"昊海龙"号完成试航；全国首艘万吨级海事巡逻船"海巡09"交付入列；亚洲第一深水导管架——流花11-1导管架开工建造；我国自主设计、建造的最大海上原油生产平台——陆丰14-4中心平台安装完成；国内首艘2000吨自升自航式风电安装平台开工建造。

三是海洋交通运输提质升级。截至2021年，全省共开通国际集装箱班轮航线362条，航线网络覆盖世界主要贸易港口。湛江港建成华南第一个可满载靠泊40万吨级船舶的世界级深水港，深圳港南山港区妈湾智慧港投入运营。广州港开通"湘粤非"国际海铁联运通道、中欧班列等通道，通往全球100多个国家和地区的400多个港口。汕头港广澳港区海铁联运线路开通，粤琼海铁联运班列"湾港共建号"首发。盐田港亚太-泛珠三角-欧洲国际集装箱多式联运等示范工程加快建设。

3. 建立健全创新体系，实现关键技术新突破

一是广东省以突破海洋产业关键核心技术为目标，加快构建"实验室+科普基地+协同创新中心+企业联盟"四位一体的自然资源科技协同创新体系，完善从基础研究、应用研究到成果转化的海洋科技创新全链条。以南方海洋科学与工程广东省实验室为核心，高水平、多层次的海洋实验室体系初步建成；广东海上丝绸之路博物馆、中国科学院南海海洋研究所、广东海洋大学水生生物博物馆等 5 个涉海单位入选首批全国科普教育基地；广东省智能海洋工程制造业创新中心获批建设。2021 年，广东海洋科技创新成果丰硕，在海洋电子信息、海上风电、海洋工程装备、海洋生物、海洋新材料等领域研究取得重大突破，共获评 2021 年度国家海洋科学技术奖项 13 项、省科学技术奖项 15 项，全省涉海单位专利授权总数为 3.39 万件。

二是广东持续支持海洋产业关键核心设备和技术攻关。2021 年省级促进经济高质量发展专项（海洋经济发展）共支持海洋电子信息、海上风电、海洋工程装备、海洋生物、天然气水合物、海洋公共服务六大产业项目 32 个，累计投入 2.91 亿元，在关键技术与应用方面实现重大突破。2021 年，国内首艘专业风电运维船"中国海装 001"号顺利下水；国内首款独立自主研发设计和制作的 11 MW 级别的超大型海上叶片成功下线，曾获评为 2020 年度亚洲排名第一的全球最佳叶片；成功破译全球首个芋螺（桶形芋螺）的全基因组序列，将为烟瘾、毒瘾、嗜酒等神经性上瘾行为带来突破性治疗方案；国内首个自营深水大气田"深海一号"建成投产；我国最大综合科考实习船"中山大学"号投入使用。

4. 聚焦电子信息技术，打造"海洋电子信息+"特色产业链

一是海洋电子信息产学研协同创新平台建设稳步推进。广东省科学院、南方海洋科学与工程广东省实验室（广州）签署共建"南方海洋科学与工程广东实验室（广州）海洋遥感大数据应用研究中心"框架协议；南海信息中心与深圳市海洋监测预报中心签订海洋信息化工作合作机制框架协议，共同推进全球海洋大数据中心建设；深圳海洋电子信息产业研究院揭牌；南方海洋科学与工程广东省实验室（珠海）海洋数据中心获批建设粤港澳大湾区海洋 5G 创新平台项目；珠海成立"5G+无人船"创新实验室。

二是海洋产业智能化、无人化趋势明显。国内首艘智能型无人系统母船开工建造；广州港南沙港区四期工程完成定制化 5G 覆盖，打造行业领先的5G+IGV 全自动化码头；具备全球领先集群技术和自主航行能力的便携式多波束测量无人船正式推出；国内首个自主研发建造的海底数据舱落地珠海；

新一代高频海洋探测仪和三维浅剖仪研制完成；全省 391 千米沿海航道建成电子航道图；广东船舶工业企业通过"云上操作"交付火车专用运输船"切诺基"号、2038TEU 支线集装箱船。

（三）广西壮族自治区海洋经济发展特征

广西是我国离东盟最近的出海口，海岸线 1600 多千米，海域面积 4 万多平方千米，拥有海岛 643 个，形成了以海洋旅游业、海洋交通运输业、海洋渔业和海洋工程建筑业为支柱的海洋产业格局。经初步核算，2021 年广西海洋生产总值达 1828 亿元，比上年增长 14.4%，占地区生产总值的比重为 7.4%，海洋经济对全区经济增长贡献率达到 8.8%。

"十三五"期间，广西海洋经济快速发展，海洋经济总量显著增加，海洋产业结构更趋合理，海洋科技创新能力稳步提升，海洋生态文明建设效果显著。"十四五"期间，广西将以海洋经济高质量发展为主题，按照"一港两区两基地"的发展定位，系统谋划海洋产业布局，扎实推进海洋经济转型升级，着力提升海洋治理能力现代化水平，全力打造"一轴两带三核多园区"的海洋发展新格局，使海洋经济成为推动广西经济高质量发展的重要增长极，把广西建设成为具有重要区域影响力的海洋强区。

1. 推进扩能优服，提升西部陆海新通道运行质量

一是对标国内国际一流港口，加快建设北部湾国际门户港。2021 年北部湾港建成现有最高等级泊位——钦州港 30 万吨级油码头；钦州港东航道通航，满足 20 万吨级大型集装箱船进出港条件；港口实际通过能力从 2.65 亿吨提升至 3.09 亿吨，集装箱吞吐能力从 560 万标准箱提升至 690 万标准箱。截至 2021 年底，北部湾港拥有及管理沿海生产性泊位 77 个，万吨级以上泊位 70 个；集装箱航线达 54 条，其中外贸航线 30 条，实现与 100 多个国家和地区的 200 多个港口通航。全年货物吞吐量为 2.69 亿吨，居全国沿海港口第 9 位，同比增长 13.09%，增速居全国首位；集装箱吞吐量为 601.19 万标准箱，居全国沿海港口第 8 位，同比增长 19.01%，连续四年保持两位数增幅，增速居全国首位。广西口岸进口整体通关时间为 5.34 小时，排全国第一；出口整体

通关时间为 0.48 小时，排全国第八。未来五年，北部湾港将投资 676 亿元建设港航基础设施，打造国际门户港，向世界一流国际枢纽海港迈进。

二是海铁联运班列快速增长。2021 年广西新开通北部湾港至内蒙古、湖南、宁夏海铁联运班列，首次开通的"柳州—莫斯科""南宁—哈萨克斯坦"跨境直通中欧班列已实现每月一列常态化开行。截至 2021 年底，西部陆海新通道班列已覆盖中国 13 个省份 47 市 91 站，累计开行 6117 列，同比增长 33%；中越跨境班列（经凭祥铁路口岸）共开行 1904 列，同比增长 50.6%。钦州铁路集装箱中心站 2021 年集装箱办理量超过 30 万标准箱，北部湾港海铁联运集装箱班列数量超过 6000 列。

2. 布局重点项目，构建现代向海产业体系

一是以北海—钦州—防城港—玉林的临海（临港）产业园区为支撑，培育海洋经济全产业链发展，现代化沿海经济带初具雏形。加快建设防城港市白龙珍珠湾海域、北海市银滩南部海域、钦州三娘湾海域和北海冠头岭西南海域精工南珠 4 个国家级海洋牧场示范区；加快推进北海营盘、北海南澫、钦州犀牛脚、防城港企沙 4 个中心渔港的升级改造。2021 年广西北部湾国际生鲜冷链园区（一期）工程主体结构全部完成，该园区将成为广西最大的冷链物流加工及进出口园区。

二是依托北钦防一体化战略，以港口和临海产业园区为支点，高端产业集群初具雏形。北海、防城港、钦州 3 个临港产业园区实现工业产值超千亿元。北海加快惠科电子北海产业新城、太阳纸业、国能广投北海电厂等百亿元级项目建设，石油化工、新材料、硅科技和林浆纸 4 个千亿产业加速形成。2021 年惠科电子北海产业新城一期项目完成工业产值 231 亿元，税收 3.27 亿元。钦州重点推进华谊钦州化工新材料一体化基地、中伟新材料南部（钦州）产业基地、钦州修造船和海工装备制造基地、中船钦州海上风电装备制造产业基地等项目建设。2021 年华谊钦州化工新材料一体化基地项目关键设备转入试车阶段；中伟新材料南部（钦州）产业基地项目签约；中国船舶集团钦州基地大型海工修造及保障基地项目完成投资 12 亿元；广西首个海上风电装备制造项目——中船广西海上风电产业基地项目顺利推进，预计 2022 年建成投产。防城港钢铁基地、生态铝工业基地等项目加快建设。柳钢集团防城港钢铁基地2号高炉投产，防城港钢铁基地2021年实现营业收入335亿元、产值295亿元；广西生态铝工业基地防城港项目顺利推进，该项目计划总投资154亿元，最终将打造码头－氧化铝－铝水－铝加工全产业链基地。

3. 聚焦向海经济，打造北部湾经济区海洋科技创新高地

《广西科技创新"十四五"规划》提出聚焦广西向海经济发展重大技术需求，加强海洋关键技术攻关，全力增强海洋强区建设科技支撑。由自然资源部第四海洋研究所承担的"国家自然科学基金共享航次计划2020年度北部湾科学考察实验研究"项目夏季航次顺利完成，开启了北部湾海洋调查的新历史，为北部湾生态环境保护维护提供科学依据。自然资源部第四海洋研究所加挂"中国—东盟国家海洋科技联合研发中心"牌子，旨在建设成为具有区域乃至国际影响力的区域性海洋科技合作平台。广西北海市人民政府与自治区北部湾办签署共建北海海洋产业科技园区战略合作协议，计划打造以海洋产业为主导的产业聚集区和海洋产品研发创新平台。广西教育厅发布《关于拟同意申报设置有关高等学校的公示》，拟向教育部申请批准北京航空航天大学北海学院与桂林电子科技大学北海校区合并转设为"广西海洋学院"。

4. 抢抓RCEP机遇，打造西部地区对外开放新门户

一是2021年中马"两国双园"合作扎实推进。2021年中马钦州产业园区实现地区生产总值60亿元，同比增长15.3%，工业总产值完成136.3亿元，同比增长10.3%。全年经钦州港海关进出口马来西亚商品总额达到70.8亿元，同比增长26.8%；自钦州港口岸持原双边自贸协定进口马来西亚原产地证享惠货物4.2亿元，累计减免税款3942.7万元。伴随着RCEP的生效，中马钦州产业园区将成为中国和马来西亚跨境物流、贸易的重要平台。作为"姊妹园"的马中关丹产业园350万吨联合钢铁项目全面投产，新获175亿元园区最大投资的"焦电铝—锰"循环经济项目，建成投产后将为关丹港带来每年超千万吨吞吐量。《广西向海经济发展战略规划（2021—2035年）》提出，广西将与RCEP成员国共同探索"双港双园"发展模式，支持鼓励有实力的企业向海发展，与国际企业合作共建境外海洋特色产业园区。

二是广西与越南、文莱、印尼等国家和地区持续加强海洋特色产业合作；中国·印尼经贸合作区、中越跨境经济合作区、"广西—文莱经济走廊"建设步伐加快。2021年中国·印尼经贸合作区与中国香港易商红木集团正式签订土地买卖协议，这是合作区自新冠肺炎疫情暴发以来引进的第一个重大项目，也是自2014年以来最大的一宗土地交易。广西与文莱在"广西—文莱经济走廊"框架下达成中国—文莱渔业资源开发与利用"一带一路"联合实验室项目、广西—文莱香料加工与贸易全球运营中心（文莱）、中国—文莱香料之都（广西玉林市）、中国—文莱生态八角出口生产示范基地（广西河池市凤山县）项目等一批新的重点合作项目。广西渔业企业在毛里塔尼亚的远洋渔业园区和在马来西亚的珍珠养殖基地加快建设。中国—东盟博览会、中国—东盟商务与投资峰会加快升级，截至2021年已成功举办第18届，成为"一带一路"共建国家进入中国和东盟大市场最便捷、最有效的合作平台。

（四）海南省海洋经济发展特征

海南省是我国海洋面积最大的省份，授权管辖西南中沙群岛的岛礁及其海域，海域面积200万平方千米，占我国海洋国土面积的2/3，具有发展海洋经济的巨大资源优势。2021年，海南省海洋生产总值实现1989.6亿元，占全省地区生产总值的比例突破30%。

《海南省海洋经济发展"十四五"规划》提出构建"南北互动、两翼崛起、深海拓展、岛礁保护"的蓝色经济空间布局，着力打造海洋旅游、现代海洋服务业等千亿级海洋产业集群和海洋渔业、海洋航运、海洋油气等百亿级产业集群，朝着"海洋经济大省"大踏步迈进。

1. 坚持"三个走"，推动渔业转型升级

海南积极引导渔民"往岸上走、往深海走、往休闲渔业走"，建设"南海深蓝渔业"和"南繁水产种业"具有海南特色的海洋渔业，全面推动传统渔业向现代渔业转型升级。2021年，全省水产养殖清退任务基本完成，新增深水网箱632口，累计达1.2万口，规模排名全国第二。文昌获批创建国家现代农业产业园。文昌铺前、万宁乌场、乐东莺歌海一级渔港项目开工，累

计投资 18 亿。临高县构建海洋捕捞、深海养殖、渔业加工、渔业休闲"四轮驱动"的现代渔业新业态，渔业总产值五年累计实现 633 亿元，连续 23 年位居全省第一。休闲渔业试点稳步推进，24 米以下休闲渔船控制指标审批实现突破，文昌市、万宁市、三亚市、乐东黎族自治县建立了休闲渔船试点船型库。《海南省人民政府办公厅关于加快推进休闲渔业发展的指导意见》等政策法规出台，海南自由贸易港休闲渔业专家委员会成立，聘请 29 位业内专家组建休闲渔业智库。全省全年休闲渔业总产值 13.67 亿元，接待人数 513.61 万人次。

2. 发挥政策叠加优势，推动滨海旅游创新发展

一是海南出台游艇租赁管理办法、琼港澳游艇自由行、多证合一等一系列利好政策，大力培养游艇旅游新业态。海南自贸港"零关税"政策大幅降低了企业进口成本，优化海南游艇旅游产品结构，培育游艇旅游竞争新优势。临高县计划分 3 期打造以超级游艇产业基地、旅游装备产业基地以及教育研发产业基地组成的"海南海洋装备产业先行区"。截至 2021 年 10 月底，海南省辖区共登记游艇 1217 艘，占全国游艇总量的 15%，保有量同比增长 48%。持有游艇驾驶证的操作人员 4926 人，同比增长约 50%。拥有游艇俱乐部及相关企业约 450 家，同比增长 210%。2021 年全省游艇出海累计达 14.65 万艘次、98.77 万人次，较 2020 年分别增长 71.5% 和 72.64%。2021 年首届中国国际消费品博览会期间，游艇交易及意向投资金额超过 5 亿元。"十四五"期间，海南将完善全岛游艇码头布局，增设公共游艇码头，建设一批国际游艇旅游特色小镇。

二是不断开发新的特色海洋旅游产品，海上游乐器材和设施日渐完善，促进海南从"观光看海"到"立体玩海"转型升级。海南于 2018 年 9 月引进尾波冲浪滑水项目，其发展势头迅猛，已成为海南自贸港旅游新名片。由尾波冲浪带火的造浪艇产业在三亚呈暴发式发展，2021 年三亚造浪艇保有量从年初不到 20 艘，到年底突破 80 艘，造浪艇数量成倍增加，标志着海南又一个旅游新业态的兴起。海洋文化研学游作为海南十大精品研学旅游线路之一正式上线各大在线旅游平台，成为涉旅企业发力海洋旅游的重要项目。

3. 建设深海科技平台，促进深海技术产业发展

海南三亚崖州湾科技城的深海科技创新公共平台项目加快建设，招商局三亚深海科技城凭借在海洋科技领域的创新实践，荣获方升榜"2021 全国海洋科技创新示范区金奖"。中国科学院深海研究所牵头的深海科学与智能技术国家重点实验室列入首批重组。国家重大科技基础设施"海底科学观测网"南海观测子网项目落地实施。"奋斗者"号全海深载人潜水器正式交付中科院深海所，并投入常规科考应用，全年完成 21 次万米下潜，搭载 27 位科学家到达全球海洋最深处，将我国万米深潜作业次数和下潜人数推至世界首位。我国首个针对海洋地质灾害，开展深海原位观测的载人深潜航次（TS2-10-1）取得圆满成功，为揭示南海海底地质灾害的地貌特征、形成条件和触发机制及其对深水油气开发工程安全的影响提供了宝贵的观测数据。由我国自营勘探开发的首个 1500 米超深水大气田"深海一号"在海南岛东南陵水海域正式投产，标志着我国海洋石油勘探开发能力全面进入"超深水时代"。

4. 推进港航一体化，助力外贸稳中提质

海南积极推动琼州海峡港航资源整合，加快推进港口基础设施建设。海口新海港客运枢纽工程加紧建设。该项目是琼州海峡港航一体化的重点推进项目和海南自由贸易港封关运作的重要配套设施，总投资 14.5 亿元，按照一级客运站设计，年设计通过能力为旅客 2200 万人次，车辆 320 万辆次，项目建成后将成为全国规模最大、世界领先的客滚专用港口。2021 年洋浦港集装箱吞吐量完成 131.83 万标准箱，同比增长 29.33%；货重 1399.80 万吨，同比增长 9.97%；水路运输货物周转量 7208.62 亿吨千米，同比增长 230.14%；全年共开通集装箱班轮航线 38 条，其中内贸航线 21 条，外贸航线 17 条，基本覆盖国内沿海城市主要港口和东南亚地区主要港口；小铲滩码头升级改造顺利完成。北部海口港与洋浦国际集装箱码头加强联动发展，新增 3 艘接驳船，将外贸集装箱全部集中到洋浦港启运，降低了物流成本。西部陆海新通道铁海联运正式在洋浦启运，这是西部陆海新通道首次实现"铁海联运+内外贸同船"相结合的运输模式，标志着"重庆至洋浦"铁海联运通道正式打通。

三、南部海洋经济圈海洋经济发展趋势

（一）福建省海洋经济发展趋势

1. 优化布局，打造现代海洋产业体系

福建将把培育壮大海洋产业与优化海洋开发空间布局结合起来，培育特色鲜明的优势产业集群。全省将进一步优化"一带两核六湾多岛"的海洋经济发展总体布局，推进海岛、海岸带、海洋"点线面"综合开发，做强福州、厦门两大示范引领区，着力建设临海石化、海洋旅游 2 个万亿产业集群；打造现代渔业、航运物流、海洋信息、地下水封洞库储油 4 个千亿产业集群；培育海洋生物医药、工程装备、可再生能源、新材料、海洋环保 5 个百亿产业集群。

2. 聚焦海丝，推动高水平对外开放

福建作为 21 世纪海上丝绸之路核心区，海峡两岸融合发展先行区，将在更大范围、更宽领域、更深层次推进海洋开放合作。一方面，面向"海丝"沿线国家和地区，建设便捷高效的交通网络和互联大通道，促进沿海港口与中欧班列有效衔接，加快形成陆海联动、东西双向互济效应，推进"海丝"和"陆丝"无缝对接。另一方面，把握RCEP签署的良好机遇，推进与"海丝"沿线国家在海洋渔业、海洋矿产、海洋科技、海洋油气等方面的合作，推动蓝色经济合作取得新的突破。

（二）广东省海洋经济发展趋势

1. 创新驱动，推进创新型产业集群发展

广东将坚持创新驱动发展，持续优化海洋科技资源配置，依托南方海洋科学与工程广东省实验室，构建多种类、多层次的海洋创新平台和载体，加快筹建国家深海科考中心、国家海洋综合试验场、天然气水合物勘查开发国家工程研究中心等"国字号"海洋创新平台。围绕海洋电子信息、海上风电、海洋生物、海洋工程装备、天然气水合物和海洋公共服务六大产业领域，广

东将加快建设一批重点项目，打造创新型产业集群。

2. 双管齐下，推动海洋经济绿色发展

广东将聚焦"双碳"目标，从供给和需求两方面推动海洋经济绿色发展。在供给方面，海上风电是能源转型的主力军，是广东践行"双碳"战略的重要支撑。广东将积极有序发展海上风电，着力推进近海深水区风电项目规模化开发，积极推进深远海浮式海上风电场建设，加快建设粤西海上风电高端装备制造基地、粤东海上风电运维和整机组装基地，促进海上风电实现平价上网。在需求方面，广东将在临海钢铁石化、船舶设计、港口物流等领域推行绿色设计，并以"双高"（高水平保护、高效率利用海洋自然资源）示范省建设为契机，提升海洋资源节约集约利用水平，创新循环经济发展模式，探索产学研用一体化体制机制创新。

（三）广西壮族自治区海洋经济趋势

1. 多点布局，壮大向海新兴产业

广西将重点布局海上风电、海洋高端装备制造、海洋生物医药等海洋新兴产业。在海洋风电产业方面，广西将以培育"特色鲜明、布局合理、立足广西、面向东盟"的海上风电产业为目标，以风电开发和配套产业链建设为重点，以海上风电产业集群和海上风电产业园为核心，带动风电装备制造业及海上风电服务业集群发展，打造"北部湾海上风电+"等融合发展新业态。在海洋高端装备制造方面，广西将推动新装备向深远海生产设备和船舶设备发展，重点支持中船钦州大型海工修造及保障基地、北海南洋船舶海工装备综合体建设、深远海网箱养殖平台等项目。在生物医药方面，广西将构建海洋生物医药产业研究和开发平台，建设面向东盟市场的现代医疗器械与设备电子贸易平台，推动内陆与沿海生物制药企业合作。

2. 面向东盟，建立多类型对外开放平台

广西计划2022年开工建设平陆运河，连通西江航运干线与北部湾国际枢纽海港，连通贵州、云南，实现西南地区内河航道与海洋运输直接贯通，并通过"铁公水"联运覆盖广大西部地区，极大释放航运优势和潜力，密切我

国西部与RCEP成员国关系。在此基础上，广西将与RCEP成员国共同探索"双港双园"发展模式，通过构建面向东盟的国际大通道、物流枢纽和金融开放门户，进一步扩大经贸合作规模，提升经贸合作水平，全力打造成为中国—东盟经贸合作创新发展的高水平示范区。

（四）海南省海洋经济发展趋势

1. 四维创新，打造游艇旅游消费目的地

海南坚持"四维创新"，即产业创新、经营创新、消费创新和监管创新，推进游艇业全产业链发展，打造具有较强国际影响力的高水平游艇产业改革发展创新试验区。在产业创新方面，大力培育"游艇+"发展模式，推动游艇产业与新业态融合发展；在经营创新方面，实施游艇分时租赁、连锁经营等共享经济新模式；在消费创新方面，打造多元多层次消费新场景；在监管创新方面，2022年，海南出台了国内首个地方性游艇产业法规——《海南自由贸易港游艇产业促进条例》，鼓励通过PPP、特许经营、专项债等多种合规投融资模式，吸引更多的资本参与游艇公共基础设施建设，提升游艇公共基础设施的供给质量及效率。

2. "双政"叠加，拓展蓝色经济伙伴关系

海南将充分发挥自由贸易港政策和RCEP的叠加效应，持续推进与东盟国家海上互联互通，加速西部陆海新通道建设。此外，海南将充分发挥在中国与东盟全面战略合作中的重要枢纽作用，进一步拓展与东盟在涉海产业链、供应链和价值链等方面的合作，打造环南海城市旅游联盟，培育国际航运合作新模式，加强深海国际科技合作等，形成覆盖海洋旅游、海洋交通运输、渔业等各个领域的海洋产业合作网络。

执笔人：郭　晶（中国海洋大学）

4
粤港澳大湾区海洋经济发展形势

　　湾区经济是沿海经济的重要形式，湾区海洋经济发展直接关乎湾区高质量发展，粤港澳三地均对发展海洋经济做出强调和部署。2021 年 12 月 14 日，《广东省海洋经济发展"十四五"规划》发布，提出要着力提升珠三角核心区发展能级，争创一批现代海洋城市，打造海洋经济发展引擎。2021 年 10 月 6 日香港特区行政长官发表 2021 年施政报告，提出要增强香港国际航运中心地位，建设"智慧港口"，发展高增值海运商业服务，支持渔业可持续发展。2021 年 11 月 16 日澳门《2022 年财政年度施政报告》发表，其中提出争取在 2022 年编制《海洋功能区划》和《海域规划》的草案，深化粤澳智慧海事应用合作；2021 年 12 月 16 日公布的《澳门特别行政区经济和社会发展第二个五年规划（2021—2025 年）》中，亦相应说明加强对海上交通及海域的管理，将国家划定的海域管理和使用好，为澳门特区经济适度多元发展拓展空间。

一、粤港澳三地海洋经济发展现状

（一）广东海洋经济总量与结构[①]

广东省海域辽阔，海岸线长，岛屿众多，港湾优越，海洋经济空间布局呈现"一核"（珠三角核心区）和"两翼"（以汕头为中心的东翼和以湛江为中心的西翼）的特征。珠三角核心区在广东海洋经济中发挥着引领作用，其涵盖的 7 个城市（广州、深圳、珠海、惠州、东莞、中山、江门），也是粤港澳大湾区所辖 9 个珠三角城市中的 7 个沿海城市（另外两个城市肇庆和佛山为内陆城市）。

广东海洋经济总量连续 27 年位居全国首位，2021 年全省海洋生产总值为 19941 亿元，同比增长 12.6%，占地区生产总值的 16.0%，占全国海洋生产总值的 22.1%。与 2020 年相比，2021 年广东海洋经济已恢复正增长，走出了新冠肺炎疫情阴影（表 3-4-1）。

表 3-4-1　2015—2021 年广东海洋经济总量

主要指标	年　份						
	2015	2016	2017	2018	2019	2020	2021
海洋生产总值 / 亿元	14443	15968	17725	19315	18588	17710	19941
海洋生产总值占全国海洋生产总值比重 / %	22.0	22.9	23.1	23.2	20.8	22.1	22.1
海洋生产总值占地区生产总值比重 / %	19.8	19.7	19.8	19.3	17.2	16.0	16.0

资料来源：根据广东省自然资源厅（http://nr.gd.gov.cn/）数据整理。

2021年，广东海洋产业结构进一步优化，海洋三次产业占比为2.5∶27.5∶70.0。其中，海洋第一产业比重同比下降0.2个百分点，海洋第二产业比重同比上升1.4

[①] 鉴于粤港澳大湾区尚未有统一口径的海洋经济统计，珠三角9个城市的海洋经济置于广东省统计，并且占比远超粤东和粤西，因此以广东省整体的海洋经济数据说明湾区内地城市的情况，而分别陈述香港和澳门地区的海洋经济。

个百分点，海洋第三产业比重同比下降1.2个百分点（表3-4-2）。

表 3-4-2　2015—2021 年广东海洋产业结构

主要指标	年　份						
	2015	2016	2017	2018	2019	2020	2021
海洋第一产业比重 / %	1.8	1.7	1.8	1.8	2.5	2.7	2.5
海洋第二产业比重 / %	43.1	40.7	38.2	37.0	27.9	26.1	27.5
海洋第三产业比重 / %	55.2	57.6	60.0	61.2	69.6	71.2	70.0

资料来源：根据广东省自然资源厅（http://nr.gd.gov.cn/）数据整理。

2021 年广东主要海洋产业增加值 5723 亿元，占海洋生产总值的 28.7%；海洋科研教育管理服务业增加值 8922 亿元，占比 44.7%；海洋相关产业增加值 5296 亿元，占比 26.6%（图 3-4-1）。

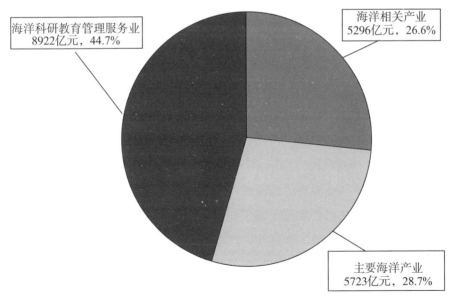

图 3-4-1　2021 年广东海洋生产总值构成
（资料来源：《广东海洋经济发展报告（2022）》）

2021 年，广东滨海旅游业、海洋交通运输业、海洋油气业以及海洋渔业增加值占主要海洋产业增加值的比重分别为 50.4%、19.6%、11.5% 和 10.5%，构成了广东海洋经济发展的支柱产业（图 3-4-2）。

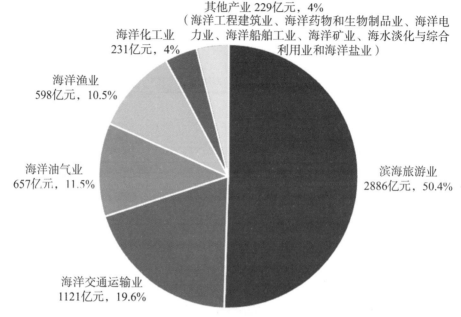

图 3-4-2　2021 年广东主要海洋产业增加值构成
（资料来源：《广东海洋经济发展报告（2022）》）

（二）湾区珠三角城市的海洋经济发展现状

在湾区的四大中心城市（广州、深圳、香港和澳门）中，广州和深圳组成了湾区海洋经济发展的"双核心"。广州市海洋经济在海洋交通运输、海洋工程建筑、海洋科研教育管理服务等优势产业方面提质升级，一批重大项目建设（如环大虎岛公用航道、狮子洋通道）加快推进；广州港的国际航运综合服务能力进一步提升，在新华·波罗的海国际航运中心发展指数排名中提高了 3 位（由 2019 年的全球第 16 位升至 2021 年的第 13 位）；航运产业投资基金设立，拓宽了涉海企业融资渠道，推动了船舶融资租赁业的发展；广州市海洋科普教育基地挂牌，海洋文化宣传进一步加强；海洋科技亮点纷呈，多项国家重大平台建设取得新进展；启动探索构建海洋治理体系和治理能力现代化指标的研究项目。

深圳市海洋产业竞争力不断提升，国家深海科考中心和深圳海洋大学成功落户，中国第一艘五星旗高端游轮"招商伊敦"号投入运营，深圳国家远洋渔业基地正式获批建设，深圳港盐田港区扩容项目启动，"粤港澳大湾区组合港"体系更加完善。海洋发展政策内容愈加丰富，重大政策叠加助推海洋经济发展，包括2021年5月17日颁发的《深圳市海洋文体旅游发展规划（2021—2025年）》，充分发挥深圳毗邻港澳的区位优势和科创优势，强化海洋文体旅游功能布局；2021年9月6日颁发的《全面深化前海深港现代服务业合作区改革开放方案》，提出前海合作区将打造粤港澳大湾区全面深化改革创新试验平台，建设高水平对外开放门户枢纽。

在湾区的7个节点城市（包括5个沿海城市珠海、东莞、惠州、中山、江门以及2个内陆城市佛山和肇庆）中，珠海市海洋经济发展迎来重大机遇，出台落实《横琴粤澳深度合作区建设总体方案》的行动方案，充分挖掘粤港澳大湾区的制度创新潜力，加快提升"澳门—珠海"极点的综合竞争力，并辐射带动珠江西岸的区域发展；海洋产业发展势头良好，依托万山群岛、环横琴岛和环高栏岛等打造环珠澳蓝色海洋产业带；深海资源开发利用力度加大，海洋开发服务体系和海洋科技体系逐步完善；海岛观光、海上运动等多元化海洋旅游项目有所增多；着力发展远洋渔业，建设智能型海洋牧场，洪湾渔港经济区建设步伐加快，洪湾中心渔港荣获"全国文明渔港"称号；广东省海洋工程装备产业计量测试中心成立；海洋综合管理进一步加强，《珠海市三角岛建设实施优化提升方案》修编完成，珠海高栏港综合保税区项目获国务院批准，成为广东省第一个获批的区域建设用海总体规划类围填海历史遗留问题解决项目。

惠州市海洋经济政策支撑不断强化，印发实施《惠州抢抓"双区"建设重大机遇，深度融入深圳都市圈的行动方案（2021—2023年）》，积极融入"双区"建设，编印《提升滨海旅游水平的实施方案（2021—2023年）》，加快推进滨海旅游资源的保护开发和利用，推动惠州湾发展升级；海洋产业竞争力持续提升，大亚湾石化区炼化一体化规模居全国前列，连续三年位列中国化工园区30强第一，惠州港荃湾港区5万吨级石化码头工程项目完成验收，中广核惠州港口海上风电项目已实现全容量并网发电，年上网电量7.1亿千瓦时，初步构建了以巽寮湾、双月湾、小径湾、三角洲岛、三门岛为基础的"海洋—海岛—海岸"旅游立体开发体系。

东莞市海洋产业发展取得新成效，自主研发的无人艇和无人机在国内首次实现视觉自主无人机艇协同运动起降；船舶研发和制造领域有所突破，新型半潜观光游览船、纯电池动力游船及首艘160客位电动液压纯电帆船顺利下水试航；海洋保护利用管理水平提升，位于惠州麻涌镇大盛村的海洋生态修复工程已完成土地平整，为探索用海项目异地实施生态修复提供了良好的经验借鉴。

中山市积极构筑海洋经济发展的多点支撑，着力推动建设高端海洋工程装备制造基地、智能海洋工程装备研发中心及海洋精密制造、新能源、新材料研发制造基地；海洋产业加速发展，中山高端海洋装备产业园首个重点项目落户神湾竹排岛，中山火炬区"生物医药"产业园获评广东省首批特色产业园，启动了"政策性水产养殖、花木种植天气指数"特色农业保险投保工作。

江门市海洋产业发展态势良好，以银湖湾滨海新区和广海湾经济开发区为重点，建设海工装备测试基地和特色海洋旅游目的地，打造珠江西岸新增长极和沿海经济带上的江海门户；黄茅海跨海通道开工建设；海洋生态文明建设成效良好，银湖湾滨海新区海岸带保护利用综合示范区项目启动建设，江门"双碳"实验室揭牌成立，江门长廊生态园被评为国家AAA级旅游景区。

值得一提的是，佛山虽非沿海城市，但海洋经济发展初见规模，海洋产业主要包括海洋工程建筑业、海洋交通运输业、海洋船舶工业、海洋药物和生物制品业等；海洋创新成果逐步显现，建成深海照明工程技术联合实验室，启动"海洋照明研发制造基地"项目。

（三）香港海洋经济发展状况

由于香港未建立专门的海洋经济统计核算体系，其各行业统计标准亦与内地城市有所差异，因此按大类行业对香港海洋经济情况分析。对应香港的四大支柱产业（金融服务、旅游、贸易及物流、专业及工商业支援服务）中的涉海因素，香港海洋经济主要产业发展方向包括涉海金融服务、滨海旅游、海上贸易及物流、海洋渔业。结合香港的国际金融中心地位，涉海金融业和航运服务业的发展最具比较优势。依托自由港优势，香港涉海金融主要包括海洋产业融资和海事保险及再保险，具体包含银行贷款融资、股票融资、信托基金、融资租赁和海事保险等业务领域；香港航运服务业的业务范围包括船舶管理、船务经纪、船务融资、航运保险及法律等领域。

在航运服务业中，2020 年往来香港与珠三角港口的轮船和港内水上货运服务的收入相较 2019 年下滑较大；而航空及海上货运代理和远洋货轮船东 / 营运者的业务收入则提高较多，增长率分别为 18.8% 和 17.2%（表 3-4-3）。

表 3-4-3　2015—2020 年香港航运服务业收入情况

单位：亿港元

类　　别	年　　份						2020 年较 2019 年增长率 / %
	2015	2016	2017	2018	2019	2020	
船务代理 / 管理人，以及海外船公司驻港办事处	74.0	73.2	76.3	79.4	75.4	74.8	−0.8
远洋货轮船东 / 营运者	845.0	741.0	691.0	843.0	959.3	1124.4	17.2
货柜码头及货运码头运营者	89.0	88.0	82.8	82.0	76.3	74.9	−1.8
往来香港与珠三角港口的轮船船东及营运者	69.0	64.0	66.6	62.4	57.3	38.0	−33.9

---

① 香港特别行政区政府统计处《运输、仓库及速递服务业的业务表现及营运特色》系列报告，最新一期于 2021 年 12 月发布，收录 2020 年相关数据。

续表

类　别	年　份						2020 年较 2019 年增长率 / %
	2015	2016	2017	2018	2019	2020	
港内水上货运服务	11.0	10.0	10.4	11.5	11.5	10.3	−10.4
中流作业及货柜后勤活动	56.0	50.0	51.4	50.9	52.0	52.0	0.0
航空及海上货运代理	1097.0	1033.0	1206.5	1245.6	1222.8	1452.1	18.8

资料来源：根据香港特别行政区政府统计处历年《运输、仓库及速递服务业的业务表现及营运特色》报告整理。

　　从香港船务基础信息来看，香港海洋经济仍未从新冠肺炎疫情的冲击下恢复过来。2021 年机构单位数目、就业人数、进入香港的船只和乘客、货柜吞吐量以及水上运输进出口量都有不同程度的下降，其中乘客数量锐减至28.1 万次，相较 2020 年下降了 72.7%；进入香港的船只约为 12.4 万船次，较 2020 年下降了 29.2%（表 3-4-4）。

表 3-4-4　2016—2021 年香港船务基础信息

类　别	年　份						2021年较2020年增长率 / %
	2016	2017	2018	2019	2020	2021	
机构单位数目 / 个	3071	t3117	3220	3263	3231	3184	−1.5
就业人数 / 名	37264	36631	35912	34631	32749	32555	−0.6
业务收益指数	88.8	93.9	97.9	98.1	108.5	201.7	85.9
进入香港船只 / 船次	370988	372610	350410	322628	174959	123801	−29.2
进入香港乘客 / 千次	26690	26774	25603	16072	1029	281	−72.7
货柜吞吐量	19813	20770	19596	18303	17969	17798	−1.0

类 别	年 份						2021年较2020年增长率/%
	2016	2017	2018	2019	2020	2021	
水上运输进口/亿港元	13.84	17.75	8.55	12.72	8.54	10.01	17.2
水上运输出口/亿港元	2.56	5.15	5.42	6.94	4.78	2.26	−52.7

资料来源：根据香港特别行政区政府统计处《服务业统计摘要》整理。

（四）澳门海洋经济发展状况

2021 年澳门经济在 2020 年的基础上有较多恢复，澳门地区生产总值实质上升 18.0%。访澳旅客为 770.59 万人次，同比增长 30.68%，访澳游客增加推动了澳门的滨海旅游业，加之澳门旅游局在 2021 年全力扩客源、推动旅游业复苏和提振社区经济，旅游消费总额（不含博彩业）增加到 244.53 亿澳门元，较 2020 年翻倍；澳门运输仓储业主要分为陆路运输、水路运输、航空运输和运输相关服务等，受新冠肺炎疫情的影响，2020 年澳门运输行业整体增加值总额较上一年下降了 65.81%（表 3-4-5）。

表 3-4-5　2016—2021 年澳门旅游业和运输仓储业

类 别	年 份						2020 年较2019 年增长率/%	2021 年较2020 年增长率/%
	2016	2017	2018	2019	2020	2021		
旅游消费总额（不含博彩业）/百万澳门元	52662	61324	69687	64077	11938	24453	−81.37	104.83
人次/万人	3095.03	3261.05	3580.37	3940.62	589.68	770.59	−85.04	30.68
海路人次/万人	1077.74	1123.61	1035.54	626.76	42.63	20.08	−93.20	52.90

续表

类 别	年 份						2020 年较 2019 年增长率 / %	2021 年较 2020 年增长率 / %
	2016	2017	2018	2019	2020	2021		
陆路人次 / 万人	1775.96	1862.98	2215.25	2929.12	503.36	700.37	−82.82	39.14
空路人次 / 万人	241.33	274.46	329.58	384.74	43.69	50.14	−88.64	14.76
运输业总额 / 百万澳门元	6972	7329	7993	8472	2897	—	−65.81	—
陆路运输 / 百万澳门元	1985	2235	2356	2901	2145	—	−26.06	—
水路运输 / 百万澳门元	982	834	782	327	−167	—	−151.07	—
航空运输 / 百万澳门元	898	904	1122	984	−507	—	−151.52	—
运输相关及辅助服务 / 百万澳门元	3107	3356	3730	4259	1425	—	−66.54	—

资料来源：根据澳门特别行政区政府统计暨普查局相关数据整理。

二、湾区海洋经济发展特征

粤港澳大湾区地理位置优越，海洋资源禀赋丰富，海洋产业门类齐全，海洋基础设施完善，海洋经济规模不断扩大，海洋科技创新全面提升，海洋公共服务能力稳步增强，海洋生态环境稳中趋好。

（一）多重政策叠加，湾区海洋经济稳定增长

推动湾区海洋经济发展的政策从中央层面上有《粤港澳大湾区发展规划

纲要》《关于支持深圳建设中国特色社会主义先行示范区的意见》《全面深化前海深港现代服务业合作区改革开放方案》《横琴粤澳深度合作区建设总体方案》等；从地方层面上有《广东省国民经济和社会发展第十四个五年规划和2035年远景目标纲要》《广东省海洋经济发展"十四五"规划》，香港《行政长官2021年施政报告》，《澳门特别行政区经济和社会发展第二个五年规划（2021—2025年）》施政报告（2022年）以及湾区各城市在海洋经济、海洋产业发展方面的相关规划或政策，从顶层设计上大力强化了湾区海洋经济规划的引领作用，有力推动了湾区海洋经济的稳步持续增长。

（二）各城市分工协作，湾区海洋产业结构优化升级

珠三角核心区（湾区的7个沿海城市）的海洋产业结构发展能级不断提高，海洋产业体系持续健全，着力发展海洋新兴产业、海洋科研教育以及海洋服务业，并与香港和澳门在海洋交通运输、海洋工程装备制造、邮轮旅游等领域的合作有所加强。涉海制造业的优势凸显，已形成广州、深圳、珠海和中山等船舶与海工装备制造基地。广州、深圳、珠海和东莞四个港口均迈入亿吨大港行列，广州和深圳的国际枢纽港功能不断增强，世界级港口群正在加速形成。

（三）科技创新基础雄厚，海洋科技协同创新体系逐步完善

湾区海洋科技创新要素集聚融合日益强化，拥有一批在全国乃至全球具有重要影响力的高校、科研院所、高新技术企业和国家大科学工程。国家重大平台建设取得新进展，南方海洋科学与工程广东省实验室（广州）核心园区已竣工，广州海洋地质调查局深海科技创新中心整体入驻，南方海洋科学与工程广东省实验室（广州）牵头启动的"冷泉"装置预研项目成功列入国家"十四五"重大科技基础设施规划并获立项；深圳分部海洋机器人与动力系统特色实验室揭牌；南方海洋科学与工程广东省实验室（珠海）海洋数据中心获批建设粤港澳大湾区海洋5G创新平台项目。持续支持湾区海洋六大产业在关键核心设备和"卡脖子"方面的技术攻关。

（四）涉海行业数据调查和共享，海洋经济管理科技决策水平提升

2020 年 8 月《广东省海洋经济统计调查制度》实施，健全海洋经济统计调查指标体系，开展海洋经济运行监测与评估工作，完善涉海行业数据共享机制，定期发布海洋经济数据，提升涉海企业监测能力。完成 2016—2020 年全省 14 个沿海地级以上城市（包括湾区的 7 个沿海城市）海洋生产总值的初步核算及数据上报，为后续制定海洋经济发展目标、开展海洋经济发展成效评价提供坚实的数据支撑；《2021 广东省海洋经济发展指数》首次发布，评估了 2015—2020 年广东海洋经济发展质量，为指导和调节海洋经济与引导湾区海洋经济的发展方向提供了依据。

三、湾区海洋经济发展趋势

（一）湾区海洋经济将更加协同发展

随着粤港澳大湾区和深圳中国特色社会主义先行示范区"双区"战略的落实，国际一流湾区和世界级城市群建设将加快。深圳前海和珠海横琴两个合作区的建设，将进一步加强粤港、粤澳的合作，共同推动湾区海洋经济发展。湾区海洋经济双核心广州和深圳的"双城"联动更加密切，广州海洋创新发展之都和深圳全球海洋中心城市的建设步伐将更加坚定，充分发挥香港—深圳、广州—佛山、澳门—珠海的强强联合引领带动作用，并相应提升湾区其他城市的海洋经济发展能力，形成多点支撑，协同发展湾区海洋经济。

（二）湾区海洋产业结构将继续优化

着力在湾区推进现代海洋产业的集聚发展，促进高端化的海洋产业链上下游的深度合作，探索共建海洋工程装备、海洋电子信息、海洋生物医药产业集群，打造海洋经济新的增长点。推进湾区的网络一体化建设，构建统一的海洋大数据平台，加快布局人工智能、数字经济与海洋经济的融合发展，

支持海洋经济的数字化发展，形成拉动湾区海洋产业结构合理化和高级化的新动力，共同促进湾区形成以海洋服务经济和创新经济为主导的具有国际竞争力的现代海洋产业体系。

（三）湾区海洋科技资源配置将更加合理

通过优化组合湾区的海洋生产要素，增强湾区科研院所海洋基础研究能力，实施一批具有前瞻性和战略性的重大海洋科技项目，围绕湾区建设综合性国家科学中心，合理有序布局海洋重大科技基础设施，推动建立海洋科学领域的国家重点实验室，加快推进南方海洋科学与工程广东省实验室建设，并积极发展海洋金融，充分利用香港的国际金融中心的地位和澳门发展现代金融业的机会，通过合作设立海洋新兴产业投资基金，促进科技成果的转化和产业化，有效配置海洋经济发展的各类资源。

执笔人：刘成昆（澳门科技大学）

专题篇

1
蓝色债券发展现状与政策建议

摘要： 蓝色债券为可持续蓝色经济转型升级提供支撑，有助于实现海洋生态环境保护的重要目标，是探索国际海洋治理新方向的重要途径。国际组织积极研究推出蓝色债券专门指引，推动发行蓝色债券。我国金融监管部门支持探索蓝色债券等创新型绿色金融产品，蓝色债券市场快速起步发展。建议进一步完善蓝色债券认定的标准规范，加强蓝色债券信息披露，推出蓝色债券支持性政策，宣传可持续的蓝色发展理念，加强蓝色债券发展国际合作和对接。

关键词： 蓝色债券；债券发行指引；债券信息披露

一、蓝色债券发展的重要意义

（一）为可持续蓝色经济转型升级提供支撑

推动蓝色债券发展，突出可持续发展理念，可通过国际、国内市场融通资金，优化资金配置，发挥中长期、正向引导作用，为可持续蓝色经济发展提供资金保障。目前，可持续蓝色经济发展面临蓝色资源开发难度大、资金不足等现实问题，随着国家和地方层面经济规划的部署实施和产业政策的施行，海洋清洁能源、绿色航运、绿色船舶、绿色海水养殖等新兴领域的培育及传统领域的绿色转型进入蓬勃发展阶段。蓝色债券的发展可以有效引导社会资金流入可持续蓝色经济领域，为可持续蓝色经济发展相关技术的快速发展应用提供保障。同时，金融机构的介入也能够助推海洋产业增加识别环境风险的能力，有效降低项目风险，提升海洋环境方面的效益水平。

（二）实现海洋生态环境保护的重要目标

发展蓝色债券有利于对于引导社会资金共同应对海洋生态环境面临的威胁和挑战，加快推动构建蓝色生态屏障，对于促进海洋产业生态化、海洋生态产业化具有重要意义。近年来，我国持续开展"南红北柳""蓝色海湾""生态岛礁"等海岸带生态保护和修复重大工程，海洋生态环境得以改善，海洋生态系统多样性持续提升，海洋固碳增汇能力不断巩固。在现阶段财政资金面临压力、政府投资趋紧的现实困境下，蓝色债券的发展将引入社会资本，有效缓释海洋生态环境保护领域不断攀升的资金压力，为海洋生态环境保护探索新的路径提供有力支持。

（三）探索国际海洋治理的新方向

蓝色债券是蓝色金融国际合作的重要方向之一，通过在机制层面、原则层面、标准层面、行动层面等多层面的引领和合作，成为创新国际海洋治理模式的重要途径。近年来，政府间组织、非政府组织和国际金融机构均在积极探索制定蓝色债券发行相关指引，为发行流程、债券标准等提供参考，探索蓝色金融支持可持续海洋经济的路径已成为世界范围的关注热点。进一步促进蓝色债券发展，完善标准和指引，将有助于我国海洋治理模式的应用与创新，也可通过中国方案的宣传和推广进一步提升国际海洋治理能力。

二、国际蓝色债券发展情况

（一）国际蓝色债券发行指引

国际市场上，绿色债券指引较为成熟，有关机构也在积极研究推出蓝色债券的专门指引。现阶段，在国际市场发行蓝色债券可遵循《绿色债券原则》等绿色债券指引。《绿色债券原则》是一套绿色债券发行自愿性流程指引，旨在为发行人助力保护环境、开展可持续项目给予支持。第一版《绿色债券原则》由国际资本市场协会与国际金融机构合作于 2014 年 1 月发布，并于后续进行了多次更新，目前最新版为 2021 年 6 月。《绿色债券原则》中将绿色债券定义为募集资金或等值金额专用于为新增及 / 或现有合格绿色项目提供部分 / 全额融资或再融资的各类型债券工具，并需要满足募集资金用途、项目评估与遴选流程、募集资金管理、报告四大核心要素。同时，《气候债券标准》是气候债券的发行人和投资者判断其债券募集资金投向是否具备气候效应且满足气候债券发行要求的最常用工具之一，对蓝色债券相关项目发行也具有指导意义。关于蓝色债券的专门指引方面，2022 年，世界银行集团成员国际金融公司新近发布《蓝色金融指南——基于绿色债券原则和绿色贷款原则的蓝色经济融资指南》，阐述了蓝色金融的评估标准、蓝色活动识别方式，提出渔业、水产养殖和海产品价值链等 9 个重点领域。

（二）国际蓝色债券发行情况

一些国家、银行等尝试发行了蓝色债券，涉及主权债券、金融债券等类型。2018年塞舌尔共和国发行的蓝色主权债券是首只贴标蓝色债券。国际主体发行的蓝色债券期限相对较长，多为5～10年，能满足长期项目投资需求。亚洲开发银行等国际金融机构也是蓝色债券发展的重要推动力量，如亚洲开发银行出台《绿色和蓝色债券框架》《主权蓝色债券快速入门指南》，积极支持和推动蓝色债券市场发展。

（三）国际蓝色债券典型案例

1. 塞舌尔蓝色债券

塞舌尔是一个依赖海洋的岛屿国家。塞舌尔正积极发展蓝色经济，将其作为实现国家发展潜力的重要途径，在这一过程中主要依靠渔业和旅游业两大产业。海洋在为塞舌尔提供巨大经济效益的同时，也将带来一系列的潜在威胁，例如海洋污染、气候变化问题会对沿海地区产生巨大的影响。同时，塞舌尔因处于地势低洼的地理区，使得该国的人口和经济发展更容易受到气候变化的影响。

2018年10月9日，塞舌尔政府正式发行了蓝色主权债券，以扩大海洋保护区为主要目的，此举为塞舌尔的渔业项目和发展蓝色经济提供了资金支持。这只蓝色主权债券的发行金额为1500万美元，为期10年，按照6.5%的利率支付利息。其中，世界银行为塞舌尔政府提供了1 / 3的本金还款担保，联合国全球环境基金提供了500万美元的优惠贷款，使得该只债券的票面实际利率从6.5%变成了2.8%，在很大程度上降低了塞舌尔的投资风险和债务负担。塞舌尔蓝色债券总计1500万美元的发行金额是以私募方式向卡尔弗特影响力资本、纽文和保诚三家美国知名的投资机构发行，每家各接受500万美元。债券发行获得的收益中1200万美元分配给塞舌尔开发银行，由其管理的蓝色投资基金用于支持可持续渔业项目，余下的300万美元被分配给塞舌尔保护和气候适应信托基金，通过其管理的蓝色资助基金向当地渔民社区提供低息贷款和资助。

塞舌尔发行蓝色债券的资金为海洋保护区域的扩张和转型提供了资金支持，提升了对重点渔业的治理，是该国发展蓝色经济里程碑式的举措。塞舌尔积极响应国际社会提出的"30×30"目标，即2030年前在本国周边水域建立面积为30%的海洋保护区。目前，经过数年的努力，2020年3月塞舌尔政府表示已经提前10年完成目标，在周围约130万平方千米的专属经济区内建立起13个共计面积约为41万平方千米的专业海洋保护区。目前海域保护成效逐渐显现，生活在较冷水域的珊瑚能得到更好的保护，并可能使受到未来漂白事件影响的珊瑚礁重新定居，其他的珍贵物种现在也都得到更稳定的保护。此外，这次蓝色债券小规模的发行成功地引起了国际投资者和监管机构的广泛兴趣，促进蓝色债券市场发展进入快速通道，为全球海洋环境保护做出了贡献。

2. 北欧—波罗的海蓝色债券

北欧投资银行（NIB），是由北欧五国及波罗的海三国共同集资组成的地区性金融组织。北欧投资银行向发展中国家提供以提高竞争力和环境保护力为主的外国政府贷款，促进其可持续增长。位于斯坎那维亚半岛与欧洲大陆之间的波罗的海是世界最大的半咸水水域，但其正遭受越来越严重的海洋污染。半封闭的波罗的海由于长期被倾倒工业及农业废弃物，海水呈富营养化、海上交通繁忙且渔业捕捞过度，海洋生态环境面临严重威胁。

2019 年 1 月，北欧投资银行发行了北欧—波罗的海蓝色债券，其目的在于为保护和修复波罗的海区域生物多样性项目提供资金支持，该债券发行期为 5 年，票面利率为 0.375%，发行总额约 20 亿瑞典克朗（约合 2.07 亿美元）。北欧—波罗的海蓝色债券在北欧投资银行环境债券（绿色债券）框架下发行，主要用于水利项目。通过该债券，北欧投资银行将向污水处理和水污染防治项目、雨水系统和防洪项目、水资源保护、水源和海洋生态系统及相关生物多样性（湿地、湖泊、海岸线和公海）保护和修复等项目提供贷款支持。北欧—波罗的海蓝色债券其中一个拟融资支持项目是斯德哥尔摩的Nya Slussen项目，北欧投资银行不仅为Slussen交通枢纽的清洁交通解决方案提供融资，还将为Slussen水闸的重建提供资金支持。Nya Slussen项目是一项重要的防洪措施，能够帮助斯德哥尔摩和马拉尔地区适应未来海平面上升和更加极端的气候条件的影响。

北欧—波罗的海蓝色债券的发行，为防治波罗的海环境污染及修复其生物多样性提供长期的资金支持，为北欧五国和波罗的海三国的共同利益项目提供融资渠道。北欧投资银行发行蓝色债券促使人们更清醒地认识到波罗的海正在遭受损害，使投资者能够专门投资于海洋资源管理，以应对波罗的海面临的挑战。同时，北欧—波罗的海蓝色债券的发行，为世界其他发达国家和发展中国家海洋生态系统修复和保护、实现可持续蓝色经济发展提供了借鉴。

3. 亚洲开发银行蓝色债券

亚洲开发银行成立于 1996 年，是一个区域性政府间金融机构，总部位于菲律宾首都马尼拉。该银行致力于促进亚太地区实现繁荣、包容、弹性和可持续，同时持续努力消除极端贫困。亚洲开发银行是联合国亚洲及太平洋经济社会委员会赞助建立的机构，与联合国组织有密切联系。目前，该银行有 68 个成员，其中 49 个来自亚太地区，19 个来自其他地区，美国、日本、中国为亚洲开发银行前三大股东。亚洲开发银行帮助发展中成员国的主要工具包括政策对话、贷款、股权投资、担保、赠款和技术援助等。

2021 年 9 月，亚洲开发银行出台了《绿色和蓝色债券框架》，明确了符合条件的蓝色债券融资项目标准。《绿色和蓝色债券框架》经过第二方意见审查，以确保与《绿色债券原则》的一致性。2021 年 9 月，亚洲开发银行出台了《主权蓝色债券快速入门指南》，主要为政府及附属机构发行主权蓝色债券提供指引。2021 年 9 月，亚洲开发银行根据《绿色和蓝色债券框架》发行了首批以澳元和新西兰元计价的蓝色债券，为亚太地区蓝色债券融资项目提供资金。以澳元计价的蓝色债券价值约为 1.51 亿美元，为 15 年期债券；以新西兰元计价的蓝色债券价值约为 1.51 亿美元，为 10 年期债券。

为促进蓝色经济发展，亚洲开发银行系统性地采取了一系列金融举措，在制订行动计划、发起倡议、明确标准规范、指引债券发行等方面开展了积极探索，此次蓝色债券发行是健康海洋和可持续蓝色经济行动计划的重要实践。

三、我国蓝色债券发展情况

（一）蓝色债券有关政策

2020 年，中国银保监会发布了《关于推动银行业和保险业高质量发展的指导意见》，提出探索蓝色债券等创新型绿色金融产品。2021 年，上海证券交易所、深圳证券交易所发布修订版特定创新品种公司债券发行上市审核指引，明确提出"募集资金主要用于支持海洋保护和海洋资源可持续利用相关项目的绿色债券，发行人在申报或发行阶段可以在绿色债券全称中添加'（蓝色债券）'标识"。关于蓝色债券支持范围的界定，目前在绿色框架下执行。2019年国家发展改革委、自然资源部等联合发布《绿色产业指导目录（2019版）》，对绿色产业的范畴做出了统一界定，要求相关部门以此为基础，出台投资、价格、金融、税收等方面的政策措施，目录中包括绿色船舶制造、船舶港口污染防治、海水、苦咸水淡化处理、海洋油气开采装备制造、海洋能利用设施建设和运营、绿色渔业、增殖放流与海洋牧场建设和运营、海域、海岸带和海岛综合整治等涉及海洋领域的内容。在此基础上，2021年中国人民银行、国家发展改革委、中国证监会发布《绿色债券支持项目目录（2021年版）》，提出海洋领域等绿色债券重点支持的项目。目前相关政策文件中关于海洋领域的规定已较为丰富，但仍然存在进一步完善、细化的空间和需求。

（二）我国蓝色债券发行情况

初步统计，2020年至今境内已发行超过10支贴标蓝色债券，募集资金超过70亿元，期限在2年、3年、5年、10年不等，其中债务融资工具（中期票据）发行较多，募集资金主要用于海水淡化项目、海上风电项目以及支持海洋资源可持续利用。2020年11月，青岛水务集团通过银行间债券市场发行首支贴标蓝色债券"20青岛水务GN001（蓝债）"，募集资金全部用于青岛百发海水淡化厂扩建工程项目建设。随后，华电福新能源有限公司、中广核风电有限公司等多家主体陆续发行了贴标蓝色债券。此外，中国银行、兴业银行还通过境外市场发行蓝色债券募集资金。其中，中国银行于2020年9月在境外成功定价发行双币种蓝色债券，包括3年期5亿美元和2年期30亿人民币两个品种，用于支持海洋相关污水处理项目及海上风电项目等；兴业银行香港分行于2020年10月成功发行3年期4.5亿美元蓝色债券，用于支持海上风电、沿海地区污水管道及污水处理、航运及港口污染防治设施及沿海地区城市防洪设施的建设运营和维护。

（三）我国蓝色债券典型案例

1. 华电福新能源股份有限公司 2021 年度第三期绿色中期票据（蓝色债券）

华电福新能源股份有限公司是福建重要的新能源项目投资和运营主体，主要从事电力能源的开发、投资、建设、经营和管理，发电项目分布在水电、风电、煤电、天然气、核电、太阳能和生物质能 7 个领域。2021 年度第三期绿色中期票据（蓝色债券）规模 10 亿元，期限 2 年，利率为 3.05%，评级为 AAA 级，募集资金主要用于福建福清海坛海峡海上风电项目建设，是全国首单用于海上风电项目建设的蓝色债券，于 2021 年 6 月由兴业银行福州分行承销发行。福建福清海坛海峡海上风电等项目建成后，预计每年可减排二氧化碳 176.64 万吨，分别减排二氧化硫、氮氧化物、烟尘等其他污染物 487.10 吨、507.94 吨、98.98 吨，替代标准煤 79.81 万吨，具有良好的环境与社会效益。

2. 招商局通商融资租赁有限公司 2022 年面向专业投资者公开发行绿色公司债券（第一期）（蓝色债券）

2021 年，招商局通商融资租赁有限公司确定了"新航运、新海工、新能源、新物流、新基建"的"五新"行业聚焦方向，开启"绿色+科技"转型之路。此次债券发行是公司开展"五新"转型的重要举措，将助力招商局集团进军海上风电产业链。2022 年面向专业投资者公开发行绿色公司债券（第一期）（蓝色债券）规模 10 亿元，期限 3 年，票面利率 3.05%，评级为 AAA 级，募集资金主要用于支持招商工业、招商轮船及招商租赁的海上风电安装船产融结合项目，于 2022 年 3 月由海通证券主承销发行。此次债券是通过深圳证券交易所发行的第一只贴标蓝色债券，获投资者积极认购，认购倍数为 2.55 倍。拟建造的海上风电安装船为自主设计的国产品牌，其顺利建设有助于解决大型高端海工装备相关难题，对可持续开发海洋资源具有积极影响。

3. 青岛水务集团绿色中期票据（蓝色债券）

海水淡化是解决青岛城市供水不足的重要措施之一。根据青岛市海水淡化产业发展相关规划，青岛百发海水淡化厂的扩建势在必行。青岛水务集团为青岛市区最大的供水企业，拟在现有百发海水淡化厂一期工程的基础上扩增10万立方米。青岛水务集团2020年度第一期绿色中期票据（蓝色债券），规模3亿元，期限3年，票面利率3.63%，评级为AA级，于2020年11月由兴业银行独立主承销发行。青岛水务集团2022年度第一期绿色中期票据（蓝色债券），规模2亿元，期限3年，票面利率3.63%，评级为AAA级，于2022年3月由兴业银行青岛分行独立主承销发行。上述债券募集资金主要用于青岛百发海水淡化厂扩建工程项目建设。百发海水淡化厂将形成20万立方米/日的淡水生产能力，成为国内规模最大的海水淡化厂之一，同时青岛水务集团将改进海水淡化技术，在提升日产淡水能力的同时，有效节约地表水、地下水等淡水资源超3600万立方米，有效保障城市供水安全，优化供水水源结构。

4.中国船舶租赁2021年绿色和蓝色双标签债券

该债券由中国船舶（香港）航运租赁有限公司发行，该公司于2012年6月在我国香港注册成立，2019年6月在港交所上市，以船舶租赁为核心业务。该债券由新加坡星展银行承销。2021年7月，中国船舶租赁成功定价发行了5亿美元绿色和蓝色双标签债券，得到了惠誉"A"及标普"A-"的评级。本次债券发行遵循国际资本市场协会（ICMA）的《绿色债券原则》等制定了绿色融资框架，并成功获得第三方独立认证机构香港品质保证局（HKQAA）确认绿色及蓝色债券标签。此次债券发行获投资者积极追捧，债券最终发行价格为五年期美国国债同期收益率加145个基点，峰值订单规模超额认购5倍，体现了市场投资者对公司业绩及表现的认可。募集资金将用于进一步支持能源效率升级、污染防治和控制、低碳及清洁燃料、可持续运输等合格绿色项目的融资或再融资，顺应船舶绿色化、智能化发展的需求，以响应"碳中和""碳达峰"目标，助力中国航运业实现绿色环保及可持续发展。

四、蓝色债券发展的对策和建议

蓝色债券作为绿色债券中的一个新兴类型，具有广阔的发展前景。针对当前蓝色债券发展存在的缺乏认定标准、信息披露以及配套支持政策等问题，提出以下对策和建议。

（一）完善蓝色债券认定的标准规范

对蓝色债券进行认证是蓝色债券发行的首要条件。为了支持蓝色债券发展，有必要统一明确蓝色债券的认定标准，加强监管部门之间的沟通合作。认定标准制定过程中应考虑不同海洋产业的特性，借鉴国际上关于蓝色债券项目认证的经验，结合国内绿色债券相关指导目录的规定，进一步明确蓝色债券认定的标准规范。规范和完善第三方认证机构的认证机制，完善并统一认证流程和内容，进而提高其公信力。

（二）加强蓝色债券信息披露

蓝色债券信息披露机制的建设和完善将减少信息不对称，增加市场透明度，提升蓝色债券的吸引力和影响力。在完善信息披露的过程中，政府部门需发挥自身监管职责以及推动作用，完善有关于蓝色债券信息披露相关指引，明确披露方式、披露报告要素、关键指标信息等。通过强有力的蓝色债券信息披露约束，为投资者提供具有公信力的投资依据，避免"洗蓝""漂蓝"等情况出现。

（三）推出蓝色债券支持性政策

蓝色债券发展过程中，可持续蓝色经济增长迅速、海洋生态环境保护需求迫切的城市可以适当加强优质发行主体发行蓝色债券的政策扶持力度和资金补助强度，出台定向蓝色债券发行财政补贴、奖励、税收优惠和快捷发行通道等支持性政策，助力优质发行主体顺畅融通资金。

（四）宣传可持续的蓝色发展理念

我国蓝色债券领域市场规模还不够大，仍处于发展初期，资金需求和投资不足之间的矛盾凸显，因而还应大力宣传可持续的蓝色发展理念，培养投资者的投资意识，鼓励、引导投资者加大蓝色投资，推动一般投资者向蓝色投资者转化，推动我国蓝色债券市场的健康、繁荣发展。

（五）加强蓝色债券发行的国际合作和对接

积极推进蓝色债券标准与国际接轨，面向国际层面，通过充分沟通、协调和合作，提出具有共识的蓝色债券标准，保障蓝色债券在国内外市场发行。探索并完善境外投资者的便利政策，为境外投资者投资我国蓝色债券提供更加友好、便利的投资环境，同时向国际发行人提供实务操作指南及配套信息服务，鼓励符合条件的国际发行人在我国市场发行蓝色熊猫债。

执笔人：李明昕（国家海洋信息中心）

张麒麒（国家海洋信息中心）

梁　晨（国家海洋信息中心）

徐丛春（国家海洋信息中心）

郭　越（国家海洋信息中心）

胡　洁（国家海洋信息中心）

赵　鹏（国家海洋信息中心）

林香红（国家海洋信息中心）

刘禹希（国家海洋信息中心）

2
海洋金融的国际进展和中国路径分析

摘要： 海洋金融是支持海洋经济健康持续发展的重要力量。推动金融支持可持续海洋经济逐渐成为世界潮流，国际组织、国际金融机构等纷纷采取行动，具有启示和借鉴意义。近年来，我国推动金融支持海洋经济发展的政策和实践取得了一系列积极进展，国家和沿海地方层面持续发力，形成了可复制、可推广的经验。建议进一步加强政策引导和支持力度，积极参与和引领海洋金融国际治理，鼓励海洋金融产品和服务创新发展。

关键词： 海洋金融；金融政策；金融机构

一、海洋金融发展背景

海洋经济对于人类的未来福祉和繁荣至关重要，海洋资源是数十亿人所依赖的食物、能源和矿产的重要来源。经济合作与发展组织（OECD）发布的《海洋经济 2030》提出，2030 年全球海洋经济总量将达到 3 万亿美元，比 2010 年翻一番。海洋经济同样也是我国国民经济的重要组成部分，2012—2021 年我国海洋生产总值由 5 万亿元增长到 9 万亿元，2021 年对国民经济增长的贡献率为 8%，占沿海地区生产总值的比重为 15%，在实现国民经济"稳增长"和保障经济安全方面发挥了重要作用。

　　金融是实体经济的血脉，海洋金融作为海洋经济的重要生产要素，有着整合各类资源的功能，是海洋产业优化升级的助推器，在支持海洋经济健康持续发展过程中发挥至关重要的作用。海洋金融的概念界定目前缺乏统一的标准，2021 年，联合国环境规划署金融倡议组织在《大潮正起：绘制新十年海洋金融蓝图》中提出，"可持续蓝色经济金融是在可持续蓝色经济发展过程中的，为之提供支持的金融活动，包括投资、保险、银行和中介活动"。

　　国际社会普遍认为，可持续海洋经济需要更有力、更高效的金融支持。据联合国可持续发展目标金融实验室分析，可持续发展目标 14（保护和可持续利用海洋和海洋资源以促进可持续发展）在所有可持续发展目标中获得的公共资金最少；可持续海洋经济高级别小组指出，目前对可持续海洋经济的投资水平不足；"海洋行动之友"联盟认为，金融体系尚未充分认识到可持续海洋经济的机遇，海洋经济的新兴领域存在巨大的私人投资机会；国际金融公司提出，金融在促进经济增长、改善生计和海洋生态系统的健康方面具有巨大的潜力。

二、海洋金融的国际进展

　　推动金融支持可持续海洋经济逐渐成为世界潮流。联合国环境规划署、欧盟委员会等引导金融机构遵循《可持续蓝色经济金融原则》，可持续海洋经济高级别小组等国际组织提出海洋金融发展方向，蓝色债券、蓝色投资基金等金融产品和服务创新发展。

（一）联合国环境规划署发起可持续蓝色经济金融倡议

　　2018 年，在欧盟委员会、世界自然基金会、世界资源研究所和欧洲投资银行等联合编制的《可持续蓝色经济金融原则》（表 4-2-1）基础上，联合国环境规划署金融倡议组织（UNEP FI）发起可持续蓝色经济金融倡议，推动《可持续蓝色经济金融原则》实施。截至 2021 年底已吸纳全球 60 多家金融机构加入，其中包括兴业银行、青岛银行、福建海峡银行、南方基金4家国内金融机构。2021年，该倡议组织陆续发布了一系列报告和指南：2月发布《大潮正起：绘制新十年海洋金融蓝图》，分析了海洋金融活动的趋势和解决海洋可持续性问题的金融框架与工具；3月发布《扭转潮流：如何为可持续海洋复苏提供资金——金融机构使用指南》及其《标准附件》，明确海产品、港口、海上运输、海洋可再生能源、沿海和海洋旅游五个产业可持续金融的标准，包括具体指标、验证方法、行动建议等内容；6月发布与上述指南配套的《建议排除清单》，指出五个海洋产业中不可持续的活动及详细验证方式，建议金融机构将其排除在金融支持之外；8—12月发布了五个海洋产业最佳实践案例，简要介绍了30类示例或方法，为金融机构发掘投资机会、进行资金支持提供指引和参考。

表 4-2-1 《可持续蓝色经济金融原则》

原则	具体内容
原则1：保护海洋	我们将支持采取一切可能措施来恢复、保护或维持海洋生态系统的多样性、生产力、复原能力、核心功能、价值、总体健康和有赖于此的社区和人民的生计的投资、活动及项目。
原则2：合乎法规	我们将支持符合作为可持续发展和海洋健康基石的国际性、区域性、国家法律和其他相关框架的投资、活动及项目。
原则3：风险意识	我们将努力基于全面和长期的评估做出投资决策，这些评估考虑到经济、社会和环境价值、量化风险和系统性影响，并及时调整我们的决策过程和活动，以反映出我们对商业活动可能产生的潜在风险、累积影响和机遇所掌握的新知识。
原则4：系统性	我们将努力确认我们的投资、活动及项目在整个价值链中的系统性和累积影响。
原则5：涵盖面广	我们将支持涵括、支援和改善当地生计的投资、活动及项目，并与利益相关方有效配合，响应、识别并缓解受影响各方遇到的任何问题。

续表

原则	具体内容
原则6：通力合作	我们将同其他金融机构和利益相关方通力合作，通过分享海洋知识、可持续蓝色经济最佳实践、经验教训以及不同视角与想法，推广并贯彻落实蓝色经济金融原则。
原则7：透明开放	我们将在妥善尊重保密性原则的基础上提供有关我们的投资、银行、保险活动和项目及其对社会、环境和经济的（积极与消极）影响信息，并适当保密。我们将努力报告这些原则的实施进展。
原则8：有的放矢	我们将努力把投资、银行、保险导向直接有助于实现可持续发展第14项目标（"保护和可持续利用海洋和海洋资源以促进可持续发展"）和其他可持续发展目标的项目和活动，尤其是那些有助于海洋有效治理的可持续发展目标。
原则9：影响深远	我们支持的投资、项目和活动不仅是为避害，而且将从海洋中创造出社会、环境和经济利益，不仅造福于我们这代人，还将造福于我们的后代。
原则10：谨慎防范	我们支持的海洋领域投资、活动和项目必须在可靠的科学证据基础上已对相关活动的环境和社会风险及影响做出评估。尤其是当科学数据欠缺时，将优先考虑谨慎防范原则。
原则11：多元化	我们认识到中小型企业在蓝色经济中的重要性，将努力使投资、银行、保险工具多元化，以涵盖范围更广泛的可持续发展项目，比如：传统和非传统海洋产业以及大型及小型项目。
原则12：由解决方案驱动	我们将努力把投资、银行、保险导向创新商业解决方案，以解决对海洋生态系统和依赖于海洋的生计产生积极影响的海洋问题（陆基和海基）。我们将努力为此类项目确认并夯实商业理据，鼓励推广由此发展出的最佳实践。
原则13：伙伴合作	我们将与公共、私营和非政府部门实体展开伙伴合作，加快可持续蓝色经济的进程，包括制定和落实沿海及海洋空间规划办法。
原则14：科学主导	我们将积极努力研发与我们的投资、银行、保险活动相关的潜在风险和影响的数据和知识，并鼓励创造蓝色经济可持续金融机遇。我们将努力在更广泛的范围内分享有关海洋环境的科技信息与数据。

资料来源：EC，WWF，ISU，EIB. Declaration of the Sustainable Blue Economy Finance Principles. Brussel，2018.

（二）国际组织和金融机构积极探索海洋金融发展方向

2019 年以来，亚洲开发银行陆续出台《亚洲及太平洋健康海洋和可持续蓝色经济行动计划》《绿色和蓝色债券框架》《主权蓝色债券快速入门指南》《在东南亚为海洋恢复健康提供资金——蓝色金融主流化的路径》等文件，指导发行蓝色债券等，促进蓝色经济发展。2020 年，可持续海洋经济高级别小组①发布《海洋金融：为向可持续海洋经济的转变提供资金》，指出可持续海洋经济融资不足的情况，并提出 7 个方面的解决方案，包括制定并实施新的规则、加强海洋健康与金融方面的知识能力建设、创造有利环境、拓宽投资可持续项目的渠道、探索新的融资机制和工具、停止违规行为并激励最佳举措、推动使用保险新方法。同年，"海洋行动之友"联盟②发布了《海洋金融指南》，为可持续海洋经济投融资提供指引，分析了其中的潜力、发展机会、必要条件和相应的投融资模式。

（三）海洋金融专项产品和服务加快发展

2018 年，世界银行集团创建全球健康海洋基金（PROBLUE），旨在通过解决海洋污染问题、管理海洋资源和促进沿海经济可持续增长，助力建设健康和多产的海洋。同时，塞舌尔政府、北欧投资银行、亚洲开发银行等陆续发行蓝色债券，为可持续海洋经济项目融资，获得国际投资者广泛关注。欧盟也设立了欧洲海洋与渔业基金和蓝色投资基金，其中欧洲海洋与渔业基金致力于促进欧盟渔业的可持续发展，提高竞争力，支持欧盟共同渔业政策和综合海洋政策的实施；蓝色投资基金主要用于支持中小企业创新和绿色发展。

---

① 2018 年，挪威首相牵头成立由多个沿海国家政府首脑组成的可持续海洋经济高级别小组。

② 2018 年，达沃斯世界经济论坛与世界资源研究所联合推出"海洋行动之友"，由全球 50 余位涉海机构负责人和专家组成联盟。

二、中国政策和实践

近年来，我国立足服务实体经济，制定相关政策，引导金融支持海洋经济发展，取得了一系列积极进展，形成了可复制、可推广的实践经验。

（一）我国促进海洋经济发展的金融政策

1. 国家层面加强顶层设计和指导

加强顶层设计。2018年，中国人民银行、自然资源部等联合发布《关于改进和加强海洋经济发展金融服务的指导意见》，明确了银行、证券、保险、多元化融资、投融资服务等领域支持海洋经济发展的重点和方向。

指引金融保险机构。为引导银行信贷、股权债券等领域服务海洋经济发展，近年来，自然资源部分别与国家开发银行、中国农业发展银行、中国工商银行、深圳证券交易所等签署战略合作协议，联合印发了《关于开展开发性金融促进海洋经济发展试点工作的实施意见》《关于农业政策性金融促进海洋经济发展的实施意见》《关于促进海洋经济高质量发展的实施意见》等指导文件，推动融资融智、海洋经济发展示范区等方面合作，开展海洋中小企业投融资路演系列活动，促进海洋经济向质量效益型转变。强化海洋保险保障方面，中央财政将大型海上风力发电机组、海水淡化成套装备、高技术船舶、海洋石油钻采装备等纳入首台（套）重大技术装备保险补贴支持范围。

2. 沿海地区层面持续完善支持政策

沿海地方政府积极拓宽海洋产业融资渠道，提升融资效能。一是设立海洋产业引导基金，培育海洋经济新动能。2018年，天津成立海洋经济发展引导基金，总规模2亿元，投资创新示范项目及战略性新兴产业项目等。二是探索政府专项债券等债务融资工具，吸引公众资本参与。2018—2020年，山东连续三年发行长岛生态专项债券，重点支持长岛海水淡化、污水处理、配套基础设施建设等11个重点项目建设，三年共修复岸线28千米，腾退近海养殖1.8万亩。三是推进海洋产业资本对接及投融资路演，引导金融机构加大对海洋产业的支持力度。2021年，潍坊举办海洋中小企业投融资路演暨项目推介会，6 家潍坊市企业进行了现场路演。同年，青岛举办海洋科技+企业+金融对接会，海洋监测装备和海洋食品健康产业领域相关院所和企业进行了成果推介和项目路演，涉海相关产研合作项目进行了集中签约。

沿海地方有关部门与银行等金融机构建立合作机制，加强财政资金支持力度，助推海洋经济高质量发展。2016 年，厦门海洋与渔业局、财政局会同建设银行厦门分行等金融机构共同发起"海洋助保贷"，以财政资金作为风险补偿专项资金。2020 年，福州海洋与渔业局对接福州农商银行等金融机构，设立海洋产业信贷资金池，打通涉海企业融资的渠道。2021 年，广东、福建、山东等地海洋主管部门与当地银行等金融机构签署战略合作协议，在海洋金融综合服务领域开展深度合作，为涉海企业提供多元、优质的金融服务。

沿海地方有关部门因地制宜，推出具有针对性的涉海保险政策规划，以创新型产品为依托凸显当地海洋经济发展特色。2017 年，江苏省政府发布《江苏省"十三五"海洋经济发展规划》，要求积极发展海洋出口保险产品，推动涉海企业深度参与全球海洋产业价值链分工与合作。2020 年，浙江省印发《关于加强政策性渔业互助保险工作的意见》，要求完善保险运行机制。同年，福建安排 30%配套财政补贴，支持渔排财产保险扩面工作。2021 年，天津市人民政府印发《天津市海洋经济发展"十四五"规划》，指出要强化北方国际航运核心区对航运要素的聚集能力，大力发展航运金融、航运保险等航运服务业。同年，大连财政局会同市金融发展局等部门联合印发《关于进一步加大对海水养殖业财政金融支持力度的通知》，增加海水养殖保险市级财政补贴，在现有补贴资金的基础上连续三年每年增加 10%，提高海水养殖保险覆盖面。

（二）金融支持海洋经济的中国实践

1. 银行信贷服务优化提升

近年来，沿海地区多家银行积极探索创新模式、优化信贷服务、开发新业务及贷款产品，为客户提供更好的服务体验，助力涉海企业发展。2019 年，恒丰银行创新推出海洋牧场立体养殖平台贷款业务，同年，邮储银行海南省分行陆续开发出南沙渔船抵押贷款、渔船捕捞行业贷款、渔业养殖户贷款等贷款产品。2020年，邮储银行滨州市分行创新推出船舶抵押担保贷款信贷产品，解决海洋捕捞客户"担保难""担保贵"的难题。同年，荣成农商银行主动协调政府部门，创新应用"海域使用权抵押贷款"，最终成功为企业发放贷款4800万元，助力建设海洋牧场。2021年，交通银行台州分行综合运用区块链、人工智能、云计算等数字化科技手段，实现产业大数据分析及供应链数据建模应用，通过线上标准化的操作流程，为海洋渔业客户提供了更方便、更全面的结算、融资、物资采购、信息查询等综合服务。

2.多元化融资渠道持续拓宽

海洋产业投资基金。各方积极设立海洋产业基金，为涉海项目提供资金保障。2016年，福建海峡银行设立福建省远洋渔业产业基金，总规模50亿元。2018—2019年，青岛蓝谷与社会资本合作设立青岛海洋创新产业投资基金、青岛市海洋新动能产业投资基金、青岛鲁信现代海洋产业投资基金、青岛海检航创检验检测产业投资合伙企业四支以"海洋创新产业"为核心的基金，总规模135亿元。2020年，天津海洋装备产业（人才）联盟成立，联盟将通过"基金+产业""基金+项目"方式，引导更多社会资本投入，为海洋装备企业发展、项目建设、企业并购重组、战略投资等提供资金保障，充分发挥好海洋产业基金作用。2021年，山东成立陆海联动投资基金，总规模100亿元，重点投资于支持海洋经济发展的产业领域，涵盖综合物流、智慧港航、智能制造、高端港航服务等领域。

海洋领域融资租赁。融资租赁服务持续优化，业务模式不断创新。2019年，民生金融租赁通过设立在天津东疆保税港区的单一项目公司（SPV）开展了4艘64000载重吨大灵便型干散货船的离岸融资租赁业务，这也是天津自贸区首单船舶离岸融资租赁业务。2020年，南沙自贸区完成国内航运交易平台首笔跨境租赁特种船舶交易的业务，为国内航运交易机构沿"一带一路"国家地区走出去进行国际化发展做出新探索。2021年，青岛西海岸新区积极搭建金融高端开放合作平台，船舶跨境融资租赁业务先后落地。

蓝色债券。国内对蓝色债券的关注度显著提升，蓝色债券发行量迅速攀升。2020 年，中国银行在境外发行双币种蓝色债券，包括 3 年期 5 亿美元和 2 年期 30 亿人民币两个品种，用于支持海洋相关污水处理项目及海上风电项目等。同年，兴业银行香港分行发行 3 年期 4.5 亿美元蓝色债券，用于支持海上风电、沿海地区污水管道及污水处理、航运及港口污染防治设施、沿海地区城市防洪设施的建设运营和维护。2021 年，华电福新能源等多家主体陆续发行了蓝色债券。同年，沪深两所分别发布修订版特定创新品种公司债券发行上市审核指引，对蓝色债券贴标做出规范。

3. 涉海保险产品不断创新

近年来，多地依据自身情况创新涉海保险产品，提升服务水平，共同助力涉海企业提高抗风险能力。2019 年，广东省开出政策性水产养殖保险保单，将水产养殖保险纳入省财政保费补贴范围。2020 年，福建省渔业互保协会开发出海水养殖物价格指数保险—大黄鱼价格指数保险，帮助抵御新冠疫情带来的风险，同年，福建省渔业互保协会为渔民防范海水养殖赤潮风险推出福建省海水养殖赤潮指数保险。2021 年，太平财险与烟台南隍城海珍品发展有限公司签订鲍鱼波高指数保险，为发展海洋牧场保驾护航；中国人寿财险威海市中心支公司与某养殖专业合作社签订"海参温度指数保险合同"，利用海域海表温度指数开发保险产品。

三、中国海洋金融发展路径建议

从国内外海洋金融发展情况来看，未来发展呈现以下趋势，包括更深入、更充分地发掘高质量、可持续的海洋产业投资机会，探索蓝色债券等新的融资机制和工具，凝聚多方力量加强海洋金融合作，以及加强海洋金融知识、数据和信息分享等。因此，发展海洋金融，建议从以下路径发力。

（一）加强海洋金融政策引导和支持力度

一是研究编制海洋产业投融资指导目录。基于海洋经济发展有关规划，参考国际有关可持续产业分类目录、海洋金融相关指南以及我国产业结构调整指导目录、市场准入负面清单、战略性新兴产业重点产品和服务指导目录、国家鼓励发展的重大环保技术装备目录等目录编制经验，编制提出适用于海洋产业发展的投融资指导目录，为金融机构投向海洋领域提供方向和指引。

二是推动完善海洋金融支持性政策。探索财政金融协同支持海洋经济发展，通过海洋信贷风险补偿等机制为优质企业增信，特别为海洋中小企业融资提供助力。支持开发性、政策性、商业性金融机构各有侧重地支持海洋经济发展。引导多层次资本市场与海洋产业对接，通过创业投资、上市辅导等全链条服务，为涉海企业股权融资畅通渠道。探索发展蓝色债券，支持符合条件的涉海企业通过债券市场融通资金。逐步提高海洋保险覆盖面，鼓励有条件的地方发展海洋领域政策性保险，完善灾前预防与灾后赔偿并重的风险管理机制。

（二）积极参与和引领海洋金融国际治理

一是进一步明确和细化金融促进可持续海洋经济的指引，面向国际提出中国方案。研究制定可持续海洋经济金融相关指南和标准规范。通过与国际金融机构共同组织论坛、知识交流等国际交流合作活动，推动形成广泛关注金融支持可持续蓝色经济的氛围，促进相关资源、技术、治理经验的传播和分享，通过相关平台向世界提出中国最佳实践案例，探索促进可持续蓝色金融全球标准的建立。

二是加强与国际金融机构合作。探索利用亚洲开发银行、世界银行国际金融公司等国外金融机构的金融资源、技术专长、全球经验等优势，推动国内外金融机构合作开展蓝色金融项目，从蓝色金融战略规划、产品方案设计、环境与社会风险管理和蓝色金融资本市场创新等维度进一步提升蓝色金融服务能力。

（三）鼓励海洋金融产品和服务创新发展

一是鼓励银行业金融机构开展海洋特色金融产品和服务。探索拓宽抵质押贷款范围，探索海域使用权、无居民海岛使用权、涉海知识产权、海洋碳汇等抵质押贷款。持续搭建和完善海洋相关资产流转流通平台，营造良好市场环境。

二是促进多层次资本市场持续优化对涉海企业的服务。鼓励成立专门投资海洋领域的海洋产业投资基金，为处于成长期、创业阶段的企业提供支持。支持蓝色债券产品服务模式创新，促进构建蓝色生态屏障，支持可持续的发展方式。探索海洋领域资产证券化产品。

三是支持海洋保险产品因地制宜创新发展。鼓励海洋保险机构发展气象指数等创新型保险产品，探索海洋环境保险产品，积极为涉海企业"走出去"、践行"一带一路"倡议提供风险保障。探索发展海洋领域再保险服务。

执笔人：李明昕（国家海洋信息中心）

梁　晨（国家海洋信息中心）

张麒麒（国家海洋信息中心）

郭　越（国家海洋信息中心）

徐丛春（国家海洋信息中心）

张玉洁（国家海洋信息中心）

林香红（国家海洋信息中心）

刘禹希（国家海洋信息中心）

3
俄乌冲突对我国海洋经济的影响分析

摘要：2022 年 2 月 24 日俄乌冲突爆发以来，美国联合西方各国迅速围绕金融、贸易、人员等方面对俄罗斯实施了多轮制裁，对全球产业链供应链的稳定、全球贸易的正常运转带来较大冲击。本报告在梳理俄乌海洋经济、我国与两国海洋经济领域相关合作情况的基础上，分析提出俄乌冲突对我国海洋经济的影响和应对建议。

关键词：俄乌冲突；海洋经济；影响分析

一、俄乌区位、资源概况

俄罗斯横跨欧亚大陆，是世界上国土最辽阔的国家，海岸线长达 38807 千米，濒临大西洋、北冰洋、太平洋的 12 个海，拥有 66 个海港，主要海港位于波罗的海、黑海、太平洋、巴伦支海、白海等，包括摩尔曼斯克港、圣彼得堡港、符拉迪沃斯托克港、纳霍德卡港、瓦尼诺港、东方港、新罗西斯克港等。俄罗斯是世界能源大国，拥有丰富的油气和煤炭等能源，根据《BP统计年鉴 2021 年》，俄罗斯石油储量约占世界储量的 6.2%，居世界第六位；天然气储量约占世界储量的 19.9%，居世界第一位；煤炭约占全球可采储量的 17.2%，居世界第二位。俄罗斯油气资源储量很大一部分来源于俄属北极地区，主要位于巴伦支海和喀拉海大陆架海域及亚马尔地区。

乌克兰位于欧洲东部，南临黑海和亚速海，是欧盟与独联体各国地缘政治的交叉点，是欧盟重要的能源通道，欧盟从俄罗斯进口天然气的 9 条管道中多条经过乌克兰，地理位置十分重要。乌克兰海岸线长 2000 多千米，主要商业港口共有 18 个，各大海港是重要的黑海海运交通枢纽，主要包括南方港、敖德萨港、尼古拉耶夫港、黑海港（伊利乔夫斯克港）、赫尔松港、马里乌波尔港等。乌克兰拥有广阔而肥沃的黑土地资源，黑土地面积占全世界黑土地面积的 23%，因此乌克兰成为全球农产品主要出口国之一，被誉为"欧洲粮仓"。乌克兰的石油和天然气储产量较小，消费主要依靠进口，油气剩余可采储量分别为 0.54 亿吨、1.1 万亿立方米，均不足世界可采储量的 1%。

二、俄乌海洋经济概况

俄乌两国海洋经济并不发达，海洋产业在国际市场份额占比较低。

（一）俄罗斯

海洋渔业方面，远东地区是俄罗斯最重要的海洋渔业资源贡献区域，但俄罗斯远东地区人口稀少，因此俄罗斯海洋捕捞业总体规模较小，根据联合国粮农组织（FAO）统计数据显示，2019 年俄罗斯海洋捕捞产量 472 万吨，占全球的 5.4%。2021 年俄罗斯海洋捕捞产量约为 460 万吨。航运方面，俄罗斯有各类航运企业 2600 多家，运力约合 2207 万载重吨，占世界船队运力比例的 1% 左右。由于俄罗斯以能源出口为主，其船队船型多以原油船和成品油船居多，两种船型按运力计算合计占比 57%。此外，俄罗斯海港众多，适合发展航运业，《2030 年前俄联邦交通战略》提出，2016—2030 年，继续全方位开发国内海港，重点建设北方海域和远东海域的港口设施，以保证油气资源运输和出口的需要。预计到 2030 年，俄罗斯海港容量将达 16.84 亿吨，海港运输量将达 12.86 亿吨。造船业方面，目前，俄罗斯仍在经营的造船厂有 20 余家，截止到 2021 年底，俄罗斯手持船舶订单占全球市场份额不到 2%，主要是来自本国船东的订单。

（二）乌克兰

总体来看，乌克兰海洋经济规模小。海洋渔业方面，根据FAO统计，2019 年乌克兰海洋渔业捕捞产量 5.3 万吨，80%的海产品源于进口。航运方面，乌克兰尚在运营的航运企业 200 多家，有 600 多艘船舶，运力约合 367 万载重吨，占全球船队运力的 0.2%。造船业方面，乌克兰目前仅有 3 家活跃船厂，手持订单仅有 3 艘中小型船舶，包括千吨级渡船和拖船。

三、我国与俄罗斯、乌克兰海洋经济领域相关合作情况

（一）中俄海洋经济相关合作情况

2015 年俄罗斯新版海洋学说首次明确提出将中国作为重要合作伙伴，指出"与中国发展友好关系并与该地区其他国家扩大协作是国家海洋政策的重要组成部分"。目前我国与俄罗斯共建立海洋科技研发合作平台 4 个，分别是中俄海洋科技创新中心、极地技术与装备"一带一路"联合实验室、中俄海洋与气候联合研究中心和中俄海洋高新技术研究院。海洋产业领域的合作主要聚焦在以下几个方面。

极地方面：中俄北极开发合作取得积极进展。中远海运集团已经完成多个航次北极航道试航。中国商务部和俄罗斯经济发展部正在牵头探讨建立专项的工作机制，统筹推进北极航道开发利用、北极地区资源的开发、基础设施建设、旅游、科考等全方位的合作。

油气方面：俄罗斯是我国石油进口的第二大来源国，2021 年我国从俄罗斯进口石油总量 7695 万吨，占总进口量的 15.53%，其中管道运输量占比 35.53%，海运量占比 64.47%。2021 年我国从俄罗斯进口天然气 169 亿立方米，占进口总量的 9.94%，其中管道运输量占比 62.45%，海运量占比

37.55%。俄乌冲突爆发后，俄罗斯和我国签订了未来 10 年的天然气出口计划，同时，2022 年 3 月 3 日，俄罗斯多家银行已经接入中国跨境银行间支付系统（CIPS），可以使用人民币直接进行结算。

港口建设方面：2014 年，我国吉林省与俄罗斯苏玛集团签署了合建扎鲁比诺万能海港框架协议。2019 年 11 月，俄罗斯总统普京在投资合作洽谈会上表示，希望中国企业能够参与俄罗斯斯拉维扬卡港的升级改造工作。

渔业方面：2020 年 4 月 22 日至 27 日，中俄渔业合作混合委员会第 29 次会议以视频会议形式召开，会上，双方一致认为，两国渔业交往不断加深，渔业合作日趋紧密，渔业关系进入历史最好时期。

（二）中乌海洋经济相关合作情况

我国与乌克兰的合作主要体现在基础设施建设方面，2017 年 5 月 "中国港湾" 中标乌克兰南方港进港航道疏浚项目的一期工程，2018 年 3 月中标乌克兰切尔诺莫斯克海港疏浚项目。2021 年中乌双方签署《中华人民共和国政府和乌克兰政府关于深化基础设施建设领域合作的协定》，根据协定，我国将与乌克兰在道路、桥梁等方面展开重要的合作，推动两国之间的经济发展。

四、俄乌冲突对世界经济带来三大主要影响

（一）推高能源价格

俄罗斯是全球第二大原油出口国，也是欧洲最大的天然气供应国。2021 年俄罗斯石油出口约 2.3 亿吨，排名世界第二，仅次于沙特，占世界石油出口的 11.3%，其中约 48% 出口到欧盟，占欧盟总进口量的 23%；天然气出口 2035 亿立方米，排名世界第一，其中约 80% 出口到欧盟，占欧盟总进口量的 38%。美欧对俄罗斯的制裁已经推高全球能源价格，近期布伦特原油价格最高摸到 139.13 美元 / 桶，为 2015 年以来新高。

（二）推高粮食价格

俄罗斯和乌克兰是全球粮食生产、出口大国。Wind数据显示，2021年俄乌两国小麦出口量合计占全球出口量的25.7%，玉米出口量合计占全球出口量的14.4%。俄罗斯和乌克兰还控制着大量葵花籽油、大麦的生产和出口。联合国粮农组织近日发布的报告显示，俄乌冲突发生以来，世界粮食商品价格大幅跃升至历史最高水平，3月粮农组织食品价格指数平均为159.3点，较去年同期高出33.6%。随着冲突的持续发展，必然对农作物播种和收割产生负面影响，加之海运的限制，全球粮食价格将继续推高。

（三）推高金属价格

2021年俄罗斯的钯、镍和铝出口金额占全球的比重分别为24.6%、21.9%和9.9%。俄罗斯的钯金出口量281.9万吨，占全球产量的43.37%；铂金出口量96.2万吨，占全球产量的15.01%。俄罗斯控制了全球10%的铜储量。俄乌冲突后，市场剧烈震荡，截至2022年3月28日，伦敦交易所镍、铝、铜的价格较去年年底分别上涨了75.3%、28.3%和4.9%。

五、俄乌冲突对我国海洋经济的影响

基于我国与俄乌的关系、我国与俄乌海洋经济领域合作现状以及我国经济基础判断：俄乌冲突对我国海洋经济未造成直接影响。但由于国际大宗商品价格的上涨，对我国海洋经济发展产生些许间接影响，主要表现如下。

（一）能源价格高涨，航运企业、远洋渔业企业经营承压

俄乌冲突爆发后，国际油价呈现高位波动走势，在2022年3月8日出现价格高点之后基本维持在100～120美元/桶上下波动。高企的原油价格使航运企业和远洋渔业企业成本上升。航运方面，目前，全球大型班轮公司燃油成本占其运营成本的15%左右，中小型船公司占比更高。俄乌冲突以来，原油

价格上涨导致全球船用燃料油价格创近十年来新高。以世界第一大船用燃料油加注港新加坡来说，2022年5月27日新加坡VLSFO船用燃油价格（0.5%硫含量）达到995美元/吨，较冲突升级前上涨33.5%。价格持续走高的船用燃料为航运企业日常运营带来较大成本压力。如果战事持续升级，欧美制裁和俄乌冲突加剧，不排除影响扩散到整个亚欧航线的可能性，供应链长时间的紧张状况将迫使航运企业重新考虑航线布局，同时将增加相关的保险、维护等运营成本。远洋渔业方面，往年远洋渔业油耗成本约占总成本的1/3，预计今年单船油耗成本将较2021年增加500万元人民币以上。同时，油价飙升影响到冷藏运输、集装箱运输船等配套船舶成本攀升，进一步增加了远洋渔业企业的经营成本。

（二）大宗商品价格上涨增加部分海洋产业生产成本

俄乌冲突的持续，对全球产业链、供应链带来了巨大的压力和冲击。能源、粮食等基础性原材料价格的上涨，引致交通、化工等上游产业波动，制造业和中下游行业预期紊乱，部分行业生产成本和消费品价格明显抬升，我国输入性通胀压力不断增加。据生意社价格监测，2022年3月大宗商品价格涨跌榜中环比上升的商品共163种，集中在化工板块（共74种）和钢铁板块（共20种），涨幅在5%以上的商品主要集中在化工板块。油气产品、铁矿石等大宗商品价格的普遍上涨，推动石化工业、钢材成本上升，势必会影响我国海洋油气、海洋化工、海洋船舶工业的发展（表4-3-1）。

表4-3-1　2022年3月部分大宗商品价格涨跌排名前十情况

商品	行业	月初价格	月末价格	单位	月涨跌	同比涨跌
焦炭	能源	2738	3338	元/吨	21.91%	77.55%
石油焦	能源	4251.25	4925.5	元/吨	15.86%	160.26%
炼焦煤	能源	2608.33	2975	元/吨	14.06%	95.94%
Brent原油	能源	97.97	111.44	美元/桶	13.75%	73.66%

续表

商品	行业	月初价格	月末价格	单位	月涨跌	同比涨跌
甲醇	能源	2730	3077.5	元/吨	12.73%	29.44%
WTI原油	能源	95.72	107.82	美元/桶	12.64%	78.07%
沥青	能源	3537.2	3977.2	元/吨	12.44%	33.46%
二甲醚	能源	3830	4143.33	元/吨	8.18%	30.57%
燃料油	能源	5960	6400	元/吨	7.38%	41.05%
柴油	能源	7944.8	8183.2	元/吨	3.00%	44.48%
硫酸铵	化工	1195	1883.33	元/吨	57.60%	107.72%
甲酸	化工	4616.67	7100	元/吨	53.79%	147.67%
硫酸	化工	781.67	1116.67	元/吨	42.86%	167.47%
硫黄	化工	2400	3393.33	元/吨	41.39%	132.95%
盐酸	化工	263	345	元/吨	31.18%	74.68%
丁二烯	化工	8365	10708.75	元/吨	28.02%	36.24%
丁酮	化工	12166.67	14933.33	元/吨	22.74%	87.45%
醋酐	化工	6800	8275	元/吨	21.69%	−11.50%
醋酸	化工	4292	5220	元/吨	21.62%	−15.03%
乙烯	化工	1256.75	1498.75	美元/吨	19.26%	33.13%
不锈钢	钢铁	18833.33	20973.33	元/吨	11.36%	36.34%
铁矿石(澳)	钢铁	930.11	1019.78	元/吨	9.64%	−9.51%
硅铁	钢铁	8637.5	9450	元/吨	9.41%	38.29%
不锈钢板	钢铁	17215	18731.67	元/吨	8.81%	34.92%
锰硅	钢铁	8062.5	8550	元/吨	6.05%	25.74%
钢坯	钢铁	4600	4830	元/吨	5.00%	0.63%
镀锌板	钢铁	5830	6106.67	元/吨	4.75%	−3.16%

商品	行业	月初价格	月末价格	单位	月涨跌	同比涨跌
废钢	钢铁	3371.88	3511.94	元/吨	4.15%	12.77%
线材	钢铁	4982	5168	元/吨	3.73%	4.54%
螺纹钢	钢铁	4830	5003.33	元/吨	3.59%	5.13%
菜籽粕	农副	3632	4000	元/吨	10.13%	44.40%
鸡蛋	农副	8	8.79	元/公斤	9.87%	14.30%
小麦	农副	2920	3194	元/吨	9.38%	25.95%
干酒糟高蛋白饲料	农副	2683.33	2833.33	元/吨	5.59%	11.11%
玉米淀粉	农副	3290	3406	元/吨	3.53%	−5.21%
豆粕	农副	4550	4706	元/吨	3.43%	41.53%
玉米	农副	2688.57	2767.14	元/吨	2.92%	−2.27%
连翘	农副	120.5	123	元/公斤	2.07%	65.66%
菜籽油	农副	13356	13550	元/吨	1.45%	24.57%
白糖	农副	5724	5794	元/吨	1.22%	5.79%

（三）海洋清洁能源、海工装备租赁迎来利好

一方面，俄乌冲突可能成为加速全球能源结构质变的拐点，各国预计会逐渐提高清洁能源在能源结构中的比重。在传统能源价格高企的影响下，我国将大力推进清洁能源发展，这是海上清洁能源持续发展的一个机遇。同时欧洲国家也将更加重视海上风电等可再生能源的开发利用，德国在2022年2月28日提出计划加速风能和太阳能基础设施的扩张，将100%可再生能源供电目标提前15年（至2035年）实现，由此推断国内海洋清洁能源企业或将拥有更广阔的海外市场。另一方面，大幅上涨的油价为上游行业的发展孕育了良好的外部环境，数据显示，钻井平台日租金费率与国际油价的走势高度正相关（图4-3-1、图4-3-2），高位油价可能会使海洋油气企业增加项目投资，

带来油气开发规模的扩大，从而拉动海工装备市场。

图 4-3-1　布伦特现货平均价格走势
（资料来源：美国能源信息署（EIA））

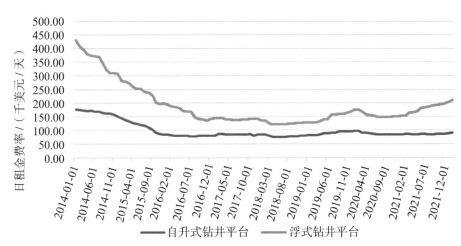

图 4-3-2　钻井平台日租金费率走势
（资料来源：克拉克森数据库）

（四）逆全球化趋势加速，将进一步促使海运贸易收缩

2021年俄罗斯和乌克兰对外贸易总额占全球比重分别为2.8%和0.49%，虽然份额不大，但由于出口结构多为资源和农产品，对全球经济的结构性影响要远大于总量的影响。俄乌冲突继续发展必然带来全球贸易、航运受阻，进而使"逆全球化"趋势更加凸显。目前国际海运承担了我国约95%的外贸货物运输量，对保障国民经济顺畅运转发挥了至关重要的作用。"逆全球化"无疑会阻碍我国与其他国家之间的贸易联系，造成海运贸易的收缩，同时对于以出口为主的海洋船舶工业等海洋产业和涉海企业而言，也必然将带来负面影响。

六、推进海洋经济持续健康发展的建议

（一）加大国内海洋油气业勘探开发力度，推进海洋清洁能源规模扩大

从我国能源安全的角度来看，随着国际油气价格的上涨，进口油气的成本将显著上升，从而消耗我国更多的外汇储备，因此海洋油气业增储上产的决心不能动摇。同时要大力推进海洋清洁能源生产规模化增长，提高国内能源供应能力，一方面助力我国"双碳"目标的实现，另一方面为走向更加广阔的全球清洁能源市场储备力量。

（二）强化海洋科技创新，推动海洋产业链供应链升级

俄乌冲突对全球产业链供应链的影响正以多米诺骨牌的形式向外溢出，全球供应链将面临重大调整。处于全球供应链之中，我们要重点开展"卡脖子"海洋关键技术和核心装备攻关，不断向产业链上游挺进，确立在全球海洋产业格局中的竞争优势。为推动海洋科技自主能力的提升，还要强化海洋领域科技力量，围绕海洋装备、深远海资源开发、海洋清洁能源开发等领域

重点支持一批科技创新项目，完善海洋产业公共服务平台建设。

（三）加快打造具有全球竞争力的港口群，积极拓展海洋合作与贸易

受俄乌冲突和全球新冠肺炎疫情影响，部分港口出现拥堵，集装箱价格高企，在此背景下，需要进一步提升我国沿海港口基础设施和航运服务能级，建设具有全球竞争力的港口群，提升我国在国际航运市场的影响力。同时，应积极拓展与俄罗斯在能源、远东海运等领域的项目合作，深化与欧盟和东盟等国家和地区的蓝色伙伴关系，深耕与"一带一路"沿线国家设施联通、贸易畅通等领域合作，保障全球供应链的安全稳定，进一步巩固拓展海洋对外贸易和投资。

执笔人：朱　凌（国家海洋信息中心）

徐莹莹（国家海洋信息中心）

林香红（国家海洋信息中心）

段晓峰（国家海洋信息中心）

黄　超（国家海洋信息中心）

胡　洁（国家海洋信息中心）

化　蓉（国家海洋信息中心）

刘禹希（国家海洋信息中心）

4
我国海洋战略性新兴产业发展研究

摘要： 全球正处在新一轮科技变革和产业革命的交汇点，随着我国深地深海深空联动战略的统筹推进，海洋战略性新兴产业已成为海洋经济发展最为活跃的阵地。本报告从海洋战略性新兴产业内涵出发，确定我国海洋战略性新兴产业的范畴，总结我国海洋战略性新兴产业发展的基本现状，分析我国海洋战略性新兴产业的现存问题，并基于产学研一体化进行技术攻关、促进产业实现规模化和产业化以及扩大集群效应、加强海洋战略性新兴产业基础设施以及市场化配置供给、加强生态环境治理等角度提出我国海洋战略性新兴产业的发展建议。

关键词： 海洋战略性新兴产业；发展现状；问题；对策建议

海洋是我国推动经济社会高质量发展的战略要地与重要抓手。随着我国进入高质量发展阶段，创新已经成为驱动海洋经济高质量发展的重要因素，海洋战略性新兴产业也成为各个国家发展海洋经济争相抢占的战略制高点。海洋战略性新兴产业依赖高新技术对海洋资源进行开发利用与保护，是具有战略性意义且成长潜力巨大的新兴海洋产业群体。由于我国海洋经济覆盖范围不断扩大，新旧产业更新迭代速度加快，海洋产业分类标准仍在不断革新，目前对海洋战略性新兴产业的划归未有统一明确的界定。本报告根据我国海洋产业发展情况，认为海洋战略性新兴产业应具备以高新技术为先导、处在产业成长期且经济价值和社会价值空间巨大、能够推动海洋资源高质量开发利用与保护、关乎国家经济社会战略性宏观布局、能够引领未来海洋科技和产业发展方向五大特征。根据这些特征，本报告讨论的海洋战略性新兴产业主要包括海洋种业、深远海养殖业、深海采矿业、海洋高端装备制造业、现代海洋生物医药业、海洋可再生能源利用业。

一、发展现状

海洋战略性新兴产业是引领我国海洋经济可持续发展、建设海洋强国的重要载体。进入 21 世纪以来，在海洋强国战略的大力扶持下，我国海洋战略性新兴产业飞速发展，产业规模持续扩张。相关海洋战略性新兴产业发展情况分析如下。

（一）海洋种业育种技术不断升级，产业规模不断扩大

海洋种业是指以各种海水养殖经济生物为基础，通过科技创新和各种生产要素的优化配置，将种质资源保护、品种研发、生产扩繁、市场营销、推广应用和管理服务等各环节有机结合，向海水养殖业提供苗种产品和相关服务的一种产业体系。近年来，随着工业化、城市化进程加快，陆地耕地资源以及水资源短缺等问题愈发显著，在自然灾害、环境污染等问题的影响下，我国的粮食安全受到严峻挑战；同时，我国积极应对人口老龄化等问题提出了"三孩政策"，但由于我国土地资源有限，农作物产量难以长期持续增长，未来人口压力与粮食安全问题愈发严峻，为破解这一难题，我国必须重视"蓝色粮仓"建设。发展海洋种业是"蓝色粮仓"建设的重要基础，对于应对我国人口增长压力、保障水产品供给、保护粮食安全、实现海洋经济的可持续发展具有战略性重要意义。近年来，我国海洋种业呈现良好的发展态势，主要表现在以下几点。

一是我国海水养殖选种育种工作不断取得突破。根据农业农村部的相关

公告显示，2019—2021年，我国通过人工选育良种，培育出18种海水养殖新品种（表4-4-1），育种选种工作成果斐然。

表4-4-1　农业农村部2019—2021年审定通过海水养殖新品种

序号	品种登记号	公告时间/年	品种名称	育种单位
1	GS-01-005-2021	2021	半滑舌鳎"鳎优1号"	中国水产科学研究院黄海水产研究所、海阳市黄海水产有限公司、唐山市维卓水产养殖有限公司、莱州明波水产有限公司、天津市水产研究所
2	GS-01-007-2021	2021	菲律宾蛤仔"斑马蛤2号"	大连海洋大学、中国科学院海洋研究所
3	GS-01-008-2021	2021	皱纹盘鲍"寻山1号"	威海长青海洋科技股份有限公司、浙江海洋大学、中国海洋大学
4	GS-02-002-2021	2021	海带"中宝1号"	中国科学院海洋研究所、大连海宝渔业有限公司
5	GS-04-001-2021	2021	全雌翘嘴鳜"鼎鳜1号"	广东梁氏水产种业有限公司、中山大学
6	GS-01-001-2020	2020	大黄鱼"甬岱1号"	宁波市海洋与渔业研究院、宁波大学、象山港湾水产苗种有限公司
7	GS-01-003-2020	2020	中国对虾"黄海4号"	中国水产科学研究院黄海水产研究所、昌邑市海丰水产养殖有限责任公司、日照海辰水产有限公司
8	GS-01-005-2020	2020	熊本牡蛎"华海1号"	中国科学院南海海洋研究所、广西阿蚌丁海产科技有限公司
9	GS-01-006-2020	2020	长牡蛎"鲁益1号"	鲁东大学、山东省海洋资源与环境研究院、烟台海益苗业有限公司、烟台市崆峒岛实业有限公司
10	GS-01-007-2020	2020	长牡蛎"海蛎1号"	中国科学院海洋研究所
11	GS-01-010-2020	2020	坛紫菜"闽丰2号"	集美大学

续表

序号	品种登记号	公告时间/年	品种名称	育种单位
12	GS-01-006-2018	2019	三疣梭子蟹"黄选2号"	中国水产科学研究院黄海水产研究所、昌邑市海丰养殖有限责任公司
13	GS-01-007-2018	2019	长牡蛎"海大3号"	中国海洋大学、烟台海益苗业有限公司、乳山华信食品有限公司
14	GS-01-008-2018	2019	方斑东风螺"海泰1号"	厦门大学、海南省海洋与渔业科学院
15	GS-01-009-2018	2019	扇贝"青农金贝"	青岛农业大学、中国科学院海洋研究所、烟台海之春水产种业科技有限公司
16	GS-01-011-2018	2019	刺参"鲁海1号"	山东省海洋生物研究院、好当家集团有限公司
17	GS-02-002-2018	2019	云龙石斑鱼	莱州明波水产有限公司、中国水产科学研究院黄海水产研究所、福建省水产研究所、厦门小嶝水产科技有限公司、中山大学
18	GS-02-003-2018	2019	绿盘鲍	厦门大学、福建闽锐宝海洋生物科技有限公司

资料来源：农业农村部。

　　二是我国海洋种质资源保护与利用体系日趋完善。经过多年研究，我国通过外部引进与自主创新相结合，开发出水产动物多性状复合育种技术，该技术已在中国对虾、罗氏沼虾以及大菱鲆等渔业品种的育种工作中进行广泛应用。我国利用该技术成果在育种模式上取得突出成果，探索出精细育种模式、全同胞育种模式以及群组育种模式三种具备显著优势的创新育种模式，对我国水产优良品种培育的技术体系进行升级。

　　三是我国海洋种业的产业规模持续扩大。根据《2021中国渔业统计年鉴》统计数据显示，2010—2020年我国海水种苗量年均增长16.19%；虾类育苗量年均增长率为33.18%，其中南美白对虾育苗量年均增长率为23.69%；贝类育苗量年均增长率为 12.35%，其中鲍鱼育苗量年均增长率为 7.43%。经 40 余年的发展，我国在建设种质资源库、优良品种创制及繁育技术、海洋育种关键性技术突破以及应用推广模式改进等方面都取得了长足的进步。目前，南北方均在大力发展海洋种业，全国各沿海地区种业基地都在积极构建"繁、育、推"一体化良种推广体系与种业平台。

（二）深远海养殖业全方面发展，养殖设备技术持续优化

在海洋渔业转型升级、扩大发展空间的进程中，如何打破近海或湾内生态环境条件限制，推动渔业养殖品种产量与品质升级换代已成为我国渔业实现现代化所必须面对的挑战。海水养殖从近岸、港湾向离岸、远海拓展是优化海水养殖空间布局、推动海水养殖业实现现代化以及可持续健康发展的战略选择。随着《国务院关于促进海洋渔业持续健康发展的若干意见》《关于加快推进水产养殖业绿色发展的若干意见》等产业促进政策文件的颁布实施，深远海养殖日渐受到业界重视，是目前我国海洋渔业中兼具战略意义和发展潜力的新兴产业，对保障我国粮食安全、改善国民水产品膳食结构具有重大意义。我国在深远海养殖方面的开发应用较美国、挪威等国家起步较晚，但发展速度快，在养殖技术路线、养殖工船等装备制造方面的探索卓有成效。

一是大型深远海养殖平台建设加速发展。近年来，我国山东、广东、福建、海南等省相继有企业联合高校或实验室等科研团队进行深远海养殖试验以及技术研发。从 2018 年到 2021 年，我国相继完成"深蓝 1 号""德海 1 号""海峡 1 号""嵊海 1 号""福鲍 001""长渔 1 号"等深远海大型养殖平台的交付使用，推动我国深远海养殖平台向智能化、规模化、系统化、无人化迈进。在海洋渔业综合智能管理建设方面，"耕海 1 号"也是我国建设现代化海洋牧场综合体的一次成功实践。

二是深远海养殖网箱不断实现技术创新。"蓝鑫号"深远海大型养殖网箱在大西洋鲑深远海智能养殖以及对防磨网衣的设计、优化、连接、装配、监测等方面实现技术的突破革新；"长鲸 1 号"应用网衣升降防污技术，实现了智能化养殖和无污染养殖；"澎湖号"以及"振渔 1 号"分别在深海养殖平

台的能源驱动以及解决网衣附着难题上进行了技术优化与创新性应用。烟台经海现代渔业产业园项目自主研发的经海系列深远海坐底式智能化网箱，打破了该类网箱亚洲单体最大规模纪录，将实现深海养殖的可视、可观、可测，数据赋能提高深远海养殖工程化、智能化程度。

三是着力实现深海养殖产业集群发展。2020年8月，农业农村部正式批复青岛国家深远海绿色养殖试验区，在全国率先开启试点建设全球首创的"陆基产业园区+深远海产业园区"陆海产业集群式发展的深远海养殖新模式。该项目预计将于2025年建成12个大型深水网箱以及1个养殖综合管理中央平台，养殖水体规模达到170万立方米，将在青岛打造百亿级深远海养殖产业集群。

（三）深海采矿业增产潜力大，采矿技术取得创新突破

海底蕴含着大量战略性矿产资源，相对于陆地矿产资源储量，深海赋存的优质矿产资源储量更为惊人。深海矿产资源的勘查以及开采已经成为世界各国能源安全关注的焦点，也是本世纪国家间进行能源战备以及人类满足自身生存需求的战略之举。我国高度重视深海矿产资源开发利用，在《中国制造2025》中明确提出要大力发展深海探测、资源开发利用、海上作业保障装备及其关键系统和专用设备。多年来，我国在深海矿产金属开采技术研究方面投入大量人力物力，国际海底区域的资源勘探已经取得突破性进展。

一是海底矿区拥有数量世界领先。我国目前拥有5个海底矿区（表4-4-2），矿区面积达23.4万立方千米，是世界上在国际海底区域拥有矿区数量最多、矿种最全的国家。

表 4-4-2　中国在国际海底区域拥有矿区情况

序号	勘探合同签订时间	矿区种类	区域	面积/万平方千米	承包机构
1	2001年5月	多金属结核勘探矿区	东太平洋	7.5	中国大洋矿产资源研究开发协会

2	2011 年 11 月	多金属硫化物矿区	西南印度洋	1	中国大洋矿产资源研究开发协会
3	2014 年 4 月	富钴结壳矿区	西太平洋	0.3	中国大洋矿产资源研究开发协会
4	2017 年 5 月	多金属结核勘探矿区	东太平洋	7.2	中国五矿集团有限公司
5	2020 年 7 月	多金属结核勘探矿区	西太平洋	7.4	北京先驱高技术开发公司

资料来源：自然资源部。

　　二是我国深海矿产资源增产潜力大。目前已探明的具有开发前景的深海矿产资源包括海洋石油、天然气、煤、铁、砂、砾石、重砂矿、多金属结核、富钴结壳、多金属硫化物等矿种。其中，经济价值最大且发展前景最为广阔的海底矿产资源还属海洋油气资源与大洋锰结核矿物资源。我国相继于2014年和2021年在南海东部完成第一个深水油田群和第一个深水气田群的建成投产。2021年11月南海东部油田油气年产量突破2000万立方米油当量，创历史最高纪录，增产势头强劲。与此同时，我国自主设计的原油生产平台陆丰14-4平台在南海投产运营，实现我国3000米以上深层油田的规模开发，将大大提升未来我国深海油气的供应。在大洋锰结核资源方面，我国在黄海、东海和南海海域均有多金属结核、富钴结壳等锰资源分布区，其中南海所拥有的锰结核在我国海域储藏面积最为广阔，深海勘探开发前景广阔，未来增储上产潜力大。

　　三是我国深海矿产勘探及开采不断取得技术突破。2013年，"蛟龙"号载人潜水器在南海海底发现大面积铁锰结核，标志着我国深海锰结核的勘探和研究工作实现了世界性的突破。在深海可燃冰开采方面，我国深海开采深度已达1225米，日产总量高达2.87万立方，已经成为世界深海可燃冰矿藏开采的先行者。高性能深海多金属结核集矿机技术研究方面，我国于2018年进行了"鲲龙500"集矿机在南海的采集与行走海试。实现了集矿机在自主行驶模式下按预定路径进行海底采集作业的技术突破。在深海大型采矿船领域，我国自主设计建造了全球首艘大型综合采矿船"鹦鹉螺新纪元"号，诸多技术均实现创新突破，处于世界前沿。该船装载深海矿采装卸系统以及智能自动化控制系统，下潜作业深度达水下2500多米。"鹦鹉螺新纪元"号的建造完工表明我国具备了大型深海采矿船的自主设计建造能力，将促进我国采矿装备产业链的完善以及深海采矿业的发展换代。诸多深海采矿技术的突破创新成果标志着我国深海采矿业在规模化、现代化和产业链上取得了重大进展。

（四）海洋高端装备制造业创新加强，重点打造产业集聚区

"工欲善其事，必先利其器"，探驻深海，走向远海，建设海洋强国离不开技术可靠、行业适用、突破环境约束的海洋高端装备。习近平总书记强调，"要推动海洋科技实现高水平自立自强"，"把装备制造牢牢抓在自己手里"。海洋高端装备制造产业是为海洋开发及国防建设提供技术装备支持的战略性产业，也是世界各国开展新一轮海洋科技革命的主战场。我国一直重视海洋装备制造业的发展以及相关技术的研发创新，近些年来在海洋工程建设、科学考察、深远海养殖、深海资源勘探等领域不断涌现出自主创新科技成果。

一是诸多领域实现从零到一的突破。在科学考察方面，"雪龙2"号破冰科考船为我国探索极地开辟了多种可能，填补了我国在极地科学考察大型装备制造领域的空白。我国海洋装备制造业结合大数据建造海南海底数据中心项目，推动产业绿色科技化发展；将传统陆上数据中心转移到海底，实现全球最大海底数据舱的建成落地，是集大数据、低碳、绿色、高科技为一体的新型海洋工程。进入"十四五"时期，我国海洋高端装备研发制造能力进一步提升。2021年5月，我国自主研发的首套浅水水下采油树系统在渤海海试取得成功；2022年6月，中国海油宣布在海南莺歌海顺利完成海底气井放喷测试作业，正式投入使用我国首套国产化深水水下采油树，标志着我国深水水下采油树成套装备已经具备自主研发应用能力。

二是高端自主创新技术实现新跨越。我国自主研发的"蛟龙"号载人潜

水器最大下潜深度达 7062 米；2020 年 11 月 10 日，万米载人潜水器"奋斗者"号在马里亚纳海沟成功下潜，坐底深度达到 10909 米，创造了我国载人深潜的最大下潜深度纪录，技术能力跻身载人潜水器世界顶尖水平；"深蓝 1 号"全潜式智能渔业养殖装备规模位列世界第一；"蓝景 1 号"双钻塔系统钻井平台在排水量、稳定性、自持力等方面均为世界先进水平。

三是我国海洋高端装备制造业向产业集群化发展，目前我国已在海南、珠三角、长三角、环渤海圈、中部地区建设了海洋工程装备制造业生产基地。大量向高端技术挺进的企业利用产业集群实现快速发展，企业集群式生产基地以环渤海圈最多，其次为长三角。逐渐形成三大海洋高端工程装备制造业集聚区，分别是以大连—天津—烟台—青岛为主的环渤海地区、以江苏苏中地区—上海—浙江浙东地区为主的长江三角洲地区、以深圳—广州—珠海为主的珠江三角洲地区，大大提高了我国高端装备制造业技术、创新、资金、人才等要素的产业集聚度。

（五）现代海洋生物医药业成果显著，产学研多元耦合发展

随着现代医疗水平以及人们对于海洋认知水平的不断提高，以及海洋中有机物以及生物种类勘测数量的不断增加，人们逐渐认识到海洋中药物资源的开发价值，海洋也已经成为现代医药行业发展的科技新领地。海洋中的药用生物种类以及药物资源非常可观，我国海域管辖范围内已探明有 1000 多种海洋生物种类可用于海洋药物研发。充分发挥海洋生物高端制药技术在医疗领域的作用将为人类健康和生活福祉带来难以估量的巨大经济和社会价值，为饱受疾病困扰的人类带来生命的曙光。我国也将海洋生物医药产业作为关乎社会民生福祉的产业加以重点发展。而现代海洋生物医药业依赖高端生物技术，是以海洋生物为原料或有效成分来源，根据药物化理研制生产高技术含量的海洋生物医药制品的产业活动，也是兼具战略意义与科技水平的海洋战略性新兴产业。我国具备发展现代海洋生物医药业的地理和环境优势，多年来产业创新成果显著。

一是已获批上市的海洋药物成果丰硕。目前我国已有包括藻酸双酯钠、

河豚毒素、多烯康、甘糖酯、角鲨烯等十多种海洋药物获得国家批准上市，其中藻酸双酯钠作为我国第一个获批上市的现代海洋原创药物，能够有效治疗缺血性脑血管疾病和心血管疾病。以褐藻多糖硫酸酯为主要成分的海洋药物"海昆肾喜胶囊"于2003年成功上市，目前仍是世界上唯一一款治疗慢性肾功能衰竭的海洋药物。治疗阿尔茨海默病的海洋新药"甘露寡糖二酸"（GV-971）也在2019年成功上市。我国首次提取成功的河豚毒素也在降压、镇痉、镇痛上有显著疗效，是无后遗症且不成瘾的良好药剂。我国还有一批防治艾滋病、抗肿瘤、治疗心脑血管疾病的海洋新药正处于临床研究阶段。我国具有自主知识产权的新型海洋药物"911"是我国第一个进入临床试验阶段的抗艾滋病药物。天然抗肿瘤新药BG136、抗HPV新药TGC161也已经进入临床试验。

二是产学研合作机制逐渐成熟。近年来，我国现代海洋生物医药产业发展呈现出空间汇聚态势，产学研合作机制开展范围广阔。目前我国已经形成以广州、厦门、上海、青岛为中心的4个海洋生物技术和海洋药物研究中心。海洋生物医药龙头企业以及专注海洋生物医药研究的诸多科研机构也在沿海地区落地生根，规范化、集聚化特征显现。海洋生物医药企业加强与科研机构、海洋院校的合作，多元化主体合作共同促进现代海洋生物医药业创新体系发展。

（六）海洋可再生能源业规模不断壮大，区域布局初现雏形

随着国际社会对全球气候变化、能源安全保障等问题日益重视，海洋可再生能源的开发利用已成为世界各国进行能源转型的战略重心。根据《海洋可再生能源发展"十三五"规划》，海洋可再生能源包括海上风能、海洋潮汐能、潮流能、温差能、波浪能、盐差能、生物质能和海岛可再生能源等。我国海洋可再生能源业具备产业链条长、地区经济带动性强等特征。在国家产业政策的倾斜重视以及人力、物力的持续投入下，海洋能源创新技术不断涌现。

一是我国海洋可再生能源业发展规模居世界前列。党的十八大以来我国海洋可再生能源进入发展新阶段。2020年，我国海洋能累计装机量居世界

第五位，达到 8 兆瓦级，其中潮流能和波浪能累计装机量占全球运行装机的 25% 以上。2021 年，我国超过英国成为全球最大的海上风电市场。到 2021 年底，全国海上风电累计装机规模跃居世界第一。

二是我国目前已掌握对海洋可再生能源进行规模化开发利用的技术和装备。多种海洋能源装置装备从研究机构的实验室下海进行水试，逐步实现实用化、量产化。我国首个自主研制的双向潮汐能发电站——温岭江厦潮汐试验电站总装机容量高达3900千瓦，年平均发电720万千瓦时，标志着我国潮汐发电技术已达到国际先进水平，目前已经运行作业超过30年。我国自主研制的世界首台3.4兆瓦大型LHD海洋潮流能发电机组成功下海并网发电，核心技术均具备自主知识产权，装机规模和发电技术领跑世界。国内单体最大的鹰式波浪能发电装置"舟山号"装机规模达到500千瓦。

三是我国三大海洋能试验场加快建设，相关项目技术已经带动我国海洋可再生能源利用实现了大功率发电、并入电网、稳定发电三大跨越。其中山东威海浅海海洋能研究试验区是我国首个国家浅海海上综合实验场；广东万山波浪能示范区拥有我国全球首个海上波—光—储互补平台"先导一号"；浙江舟山潮流能示范区的LHD海洋发电项目是目前世界上唯一实现连续发电并网运行突破一年以上的海洋潮流能发电项目，拥有世界最大单机LHD1.6兆瓦潮流能发电机组"奋进号"。以三大海洋能源示范区为中心的海洋可再生能源发展区域布局逐渐成形，形成三大海洋能重点发展区域。大批科技企业进军海洋可再生能源行业，联合高校、研究院进行产学研紧密合作，建立海洋能源科技人才队伍，逐步形成海洋可再生能源产业链条，在东南沿海地带实现产业化集聚式发展。

二、存在的问题

（一）高端科技创新不足，存在"卡脖子"难题

我国海洋战略性新兴产业整体上高端技术延伸不足，部分产业盲目追求

扩大规模，在项目规划上存在重复建设的问题。整体产业布局的发展呈现注重规模扩张、技术创新不足的特点。我国现代海洋生物医药、深远海养殖、海洋高端装备制造业等高新技术产业起步较晚，自主创新能力较弱，产品技术含量与附加值低，关键技术存在"卡脖子"问题以及核心零部件受制于人的情况。诸多领域的自主研发仍需借助国外成熟技术进行牵引和带动，如"Ocean Farm 1"和"Hav Farm 1"等大型智能化深远海养殖装备项目虽均为我国施工建造，但设计研发和核心技术都由挪威掌控。海洋种业中大西洋鲑等养殖品种仍依赖外国进口，优质种质资源大多集中在欧美等发达国家手中。海洋高端装备制造产业核心产品国产化率较低，进口依赖度较大。海上风电场建设的核心技术掌控不足，关键设备和高端技术仍需依靠国外获取。

（二）产业链条构建不完备，产业化发展欠缺

尽管我国海洋战略性新兴产业近年来取得了明显成效，但其产业化程度仍不够。微观主体方面，行业龙头企业带动作用不强，尚未形成有足够竞争力的行业品牌以及行业标杆。产业链构建方面，我国海洋战略性新兴产业链条尚未构建完备。以深海采矿业为例，我国深海采矿装备产业尚未构建出先进技术的集成系统和实际商业化生产的完整产业链条，诸多电子元器件存在技术落后以及进口依赖情况，导致产业链上游相对薄弱。产业链中游存在深海采矿装备在研发和试验阶段与实际应用阶段的对接障碍，产业链下游的配套建筑与服务也不健全。产业规模化方面，诸如海洋高端装备制造业、现代海洋生物医药业方面的产品市场应用往往集中在特种领域，市场规模不大。产业集聚方面，我国海洋战略性新兴产业集群化发展程度较低，海洋产业园区布局较为分散。可再生能源业中已形成的山东、浙江、广州三大海洋能源产业发展重心区域化布局的联动作用较小。

（三）行业竞争不充分，产业市场化程度较低

海洋战略性新兴产业技术研发周期长、投资回报期长。相对于风险较低、回本较快的传统海洋产业，高投入、高风险的海洋战略性新兴产业更多依靠

国家产业政策的倾斜来进行发展，行业竞争不充分，产业市场化程度偏低。一方面，我国海洋战略性新兴产业产品结构相对单一，产品在国际市场上竞争力不高。例如海洋高端装备制造领域海洋自主水下机器人和水面机器人的产品研究仍处于从实验室走向应用的过渡阶段，更多高精尖产品的研发成功也仅限在军用等领域，能作为商品出售的技术产品不多，产品应用范围较窄，难以规模化生产以及市场化经营。另一方面，我国尚未形成一套共性强、研发与投产、产品线与市场需求相衔接的市场化生产体系，阻碍海洋战略性新兴产业的商业化进程。例如我国海洋种业育种单位对于良种培育的配套繁育方法和普及度高养殖模式研发重视不足，导致部分已有良种的养殖模式应用范围有限以及规模化繁育技术效率不高，存在良种培育与大规模投产投市脱节的现象。

（四）海洋环境影响不确定，生态破坏问题存在隐忧

海洋战略性新兴产业的发展伴随着对海洋资源开发利用程度的不断加深，相较于传统海洋产业，以高端科技为引领的新兴海洋产业涉足更广阔的海洋空间，对海洋生态环境可能会造成更大程度的影响。在向深远海进军的过程中，大型海工装备建设数量不断增加，作业区域面积不断扩张，对海洋空间的占用也持续增大，对作业区域的海域水文以及地质条件的改变难以准确估计。深海矿产资源勘测与开采、深远海养殖、深海生物制药、深海装备制造业等海洋战略性新兴产业的诸多深海项目对海底作业区的生态系统功能造成的不利影响也难以测度。尤其是深海采矿业，国际上一直对深海采矿活动潜在的环境破坏性表示担忧，认为对其破坏程度的判断存在不确定性，可能会导致海底生物多样性的破坏甚至深海物种灭绝。海洋可再生能源业中，海上风电场的施工运行对海上雷达信号、航运通道也会产生一定的影响。相较于西方发达国家，我国对海洋战略性新兴产业的项目建设对海洋环境产生的影响以及对水文生态风险的评估和监测水平还有待进一步加强，尚未建立对海洋环境工业作业过程进行监督评测的科学环保标准。

三、对策建议

（一）加快关键领域的技术攻关，促进产学研一体化发展

海洋战略性新兴产业的发展离不开创新驱动，要加大对关键领域、核心技术的研究，提高政府对于海洋科技企业进行研发投入的激励力度，协调好政府与市场之间的创新资源配置，加快对于"卡脖子"问题的技术攻关。重视对海洋科技人才的培养，加强我国海洋战略性新兴产业的高端人才资源以及科技知识资源等高级生产要素的储备。应当进一步畅通涉海企业与科研机构、涉海高校的合作以及沟通渠道，在科技项目、人才输送、资金流通等方面构建长期稳定的校企合作关系。涉海高校应加强海洋产业的基础理论研究，完善科技资源共享机制。涉海企业应当加大科技研发投入，提高高端科技人才待遇，注重同涉海高校以及科研机构的合作创新。政府应完善产学研协同合作创新的政策环境建设，构建一体化的产学研合作平台，充分激发海洋产业创新发展动能。

（二）培育世界级海洋产业集群，加快产业化、规模化进程

打造网络化、多层级的世界级海洋产业集群是推动海洋战略性新兴产业尽快实现产业化和规模化的关键，也是实现海洋产业链的完善、海洋资源的高效配置、科技设备的合作共享的重要方式。应当瞄准海洋高端科技以及市场化应用领域，促进土地、资本、劳动力、技术等生产要素的汇聚，推动海洋战略性新兴产业向价值链高端延伸。打破行政边界，培育跨部门、跨机构、跨市域、跨省域的千亿级海洋产业集群，促进区域协同效应以及发展联动效应的扩大化。根据环渤海、长三角、珠三角等海洋产业重点发展区域的海洋资源禀赋情况以及海洋战略性新兴产业发展现状，明确规划各产业集群区域海洋战略性新兴产业的产业定位和发展重点。重点推动海洋战略性新兴产业的科技链、产业链、价值链向高端攀升，实现海洋经济"蓝色突围"。

（三）全方位打造产业发展基础设施，提高市场化配置供给能力

海洋战略性新兴产业的长足发展离不开具备产业要素资源整合、产学研合作协调、促进科技成果向实际应用转化等功能的海洋产业服务平台及相关基础设施。我国海洋公共服务平台的建设发展仍处于早期阶段。应当加强对海洋产业基础设施建设的规范化引导，加快构建以高端信息技术为发展基础的科学高效的信息传递机制，完善海洋战略性新兴产业的投融资机制。提高海洋产业服务平台在产学研合作、海洋产业投融资需求匹配、海洋装备测试与检验检测、大型海洋机器设备共享等方面的服务供给能力。要助力我国海洋战略性新兴产业发挥产业优势，打造一体化的海洋产业基础服务设施平台，促进市场化机制加速形成。另外，应当充分应用大数据等先进技术提高海洋服务平台运作效率，完善海洋大数据在公共信息服务、海上安全监测、种质资源统筹、海洋能开发方面的功能布局，加强我国海洋战略性新兴产业的市场化配置。

（四）补齐产业环保政策短板，加快制定海洋生态环境标准

要进一步完善我国海洋生态环保的相关政策。海洋生态环境保护政策、海洋环境污染标准以及法律法规的制定需要与海洋战略性新兴产业的发展以及海洋生态保护需求相匹配。在我国海洋强国战略以及相关海洋经济发展规划的指导下，要对生态环境质量标准做必要的补充或修订，加强对海洋生态环境保护政策的制定。要促进海洋战略性新兴产业绿色化发展，加大对于海洋排污单位治污不力的惩罚力度，推动海洋环境污染的第三方治理。尽快建立海洋产业绿色发展政策、海洋生态保护政策落实和执行的监督机制，为产业发展和海洋生态保护提供坚实的法律保障。

执笔人：纪建悦（中国海洋大学）

孙明涵（中国海洋大学）

孙亚男（中国海洋大学）

5

新冠肺炎疫情下粤港澳大湾区航运业的机遇与挑战

摘要： 航运业是粤港澳大湾区经济发展的重要支柱之一。2021 年，粤港澳大湾区航运业在波动发展中持续优化，国际航运枢纽功能凸显，港航企业转型升级加快，高端航运服务水平持续提升，有效助力了"十四五"良好开局。当前，世纪疫情叠加百年未有之大变局，世界发展进入新的动荡变革期。全球经贸格局加速重构，数字智能技术飞速发展，环保规则逐步收紧；我国构建以国内大循环为主体、国内国际双循环相互促进的新发展格局与粤港澳大湾区建设有序推进，粤港澳大湾区航运业进入新阶段。本报告总结了粤港澳大湾区航运业发展的基本情况，分析了新冠肺炎疫情下大湾区航运业发展面临的新机遇和新挑战，并基于粤港澳大湾区的特殊地理位置及国家政策支持优势，提出了粤港澳大湾区航运业未来发展的对策建议，以实现粤港澳大湾区航运业的高质量发展。

关键词： 粤港澳大湾区；航运业；机遇；挑战

粤港澳大湾区因湾而生，向海而兴，具有发展航运业的独特地理区位优势和内在驱动力。航运业是粤港澳大湾区经济发展的重要支柱之一。2019 年中共中央、国务院印发的《粤港澳大湾区发展规划纲要》中明确提出，"建设国际高端航运服务中心"。粤港澳大湾区发展航运业不仅是打造全球竞争力的国际海港枢纽的关键所在，也是建设粤港澳大湾区这一重大国家战略的重要抓手。2020年1月以来，新冠肺炎疫情（以下简称疫情）反复延宕，世界经济复苏不稳定、不确定性因素显著增加，给全球带来持续性严重冲击，造成的中长期次生风险不容忽视。习近平在2022年世界经济论坛视频会议上强调："当今世界正在经历百年未有之大变局。这场变局不限于一时一事、一国一域，而是深刻而宏阔的时代之变。时代之变和世纪疫情相互叠加，世界进入新的动荡变革期。如何战胜疫情？如何建设疫后世界？这是世界各国人民共同关心的重大问题，也是我们必须回答的紧迫的重大课题。"航运业作为全球物流供应链畅通的保障，在全球经济复苏的过程中担负着不可或缺的重任。厘清疫情持续蔓延的情况下粤港澳大湾区航运业发展面临的机遇与挑战，对破解当前疫情难题、推动世界经济社会恢复和发展具有重大现实意义和长远战略意义。

一、粤港澳大湾区航运业发展现状与特点

粤港澳大湾区作为世界四大湾区之一，地处海陆交汇地带，三面环山，三江汇聚，背靠泛珠三角区域广阔发展腹地，面向太平洋，拥有广州、香港、深圳、东莞、珠海等世界级大港，区位优势和港航资源得天独厚，具备发展航运业的独特优势。总体上来看，航运业作为大湾区的支柱产业之一，基础雄厚，前景广阔，是大湾区海洋经济高质量发展的蓬勃动力。

（一）大湾区港口群在波动发展中持续优化

受国内外环境影响，十余年来大湾区港口群货物吞吐量在波动中增长，呈现出逐渐收敛的M形走势，年均增速达3.49%（图4-5-1）。2021年，大湾区港口群完成货物吞吐量181668万吨，同比减少1.29%。其中，大湾区内沿海港口货物吞吐量154395万吨，同比增长0.95%；内河港口货物吞吐量27274万吨，同比减少12.31%。大湾区港口群以广州、深圳、香港三大港口

为首的多边结构明显。2021年，广州、深圳、香港三大港口的货物吞吐量分别达到65130万吨、27838万吨、21373万吨，占大湾区内港口群货物吞吐总量的62.94%的。此外，东莞港发展成效显著，2021年承担了大湾区港口群10.40%的总货物吞吐量，其中，东莞港所承担的沿海货物吞吐量比重超过香港，达到11.81%。

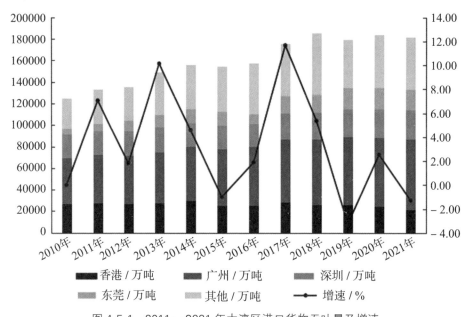

图 4-5-1　2011—2021年大湾区港口货物吞吐量及增速

（资料来源：中国交通运输部、《广东统计年鉴2021》、香港政府统计处、澳门统计暨普查局等）

从深圳、广州、香港三个主要港口来看，大湾区港口群的多边结构呈现出向深圳和广州倾斜的趋势。截至2020年，广州拥有沿海港口码头泊位621个，深圳拥有166个，香港则有24个。深圳和广州依托其丰富的码头泊位资源，沿海港口货物吞吐量持续增长，到2021年分别达到62367万吨和27838万吨，占大湾区沿海港口货物吞吐量的38.77%和32.59%。香港的市场份额则呈现下降趋势，2021年沿海港口货物吞吐量14926万吨，占大湾区沿海港口货物吞吐量的17.95%。从集装箱吞吐量来看，广州与深圳在持续上升，而香港呈明显下降趋势，并于2014年被广州超越，且差距持续扩大（图4-5-2）。2021年，深圳集装箱吞吐量达 2876.8 万标准箱，位列世界第 4 位；广州以 2446.7 万标准箱的集装箱吞吐量位列世界第 5 位；香港完成集装箱吞吐量 1779.8 万标准箱，居于世界第 9 位。

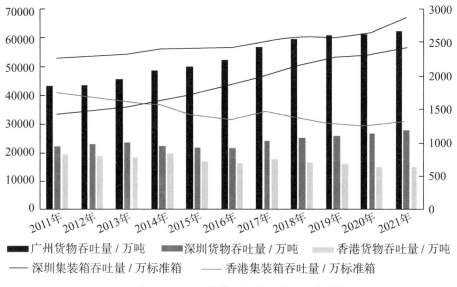

图 4-5-2　大湾区主要沿海港口货物吞吐量及集装箱吞吐量
（资料来源：中国交通运输部、《广东统计年鉴》、香港政府统计处等）

（二）大湾区国际航运枢纽功能凸显

经过长期发展，大湾区内沿海港口航线结构日渐清晰，航运枢纽功能稳步提升。从 2021 年大湾区各港口货物吞吐量来看（图 4-5-3），大湾区港口群的沿海货物吞吐量远高于内河货物吞吐量，作为主要沿海港口，广州、深圳、东莞主要承接海运业务，内河航运业务则主要由佛山、肇庆承接，香港是大湾区内海运与内河航运并重的港口。

从航线布局（图 4-5-4）来看，深圳主要接洽"亚洲—欧洲""跨太平洋"以及"东亚—东南亚"三大国际干线，承接欧洲和北美的大部分长途货物运输，服务于我国华南地区出口贸易，逐渐成为大湾区的门户港口。香港在"东亚—东南亚"航线中占主导地位，主要服务于我国华南地区进口贸易，正逐渐成为东南亚国家的区域性国际转运枢纽。广州港则在"东亚—非洲"和"东

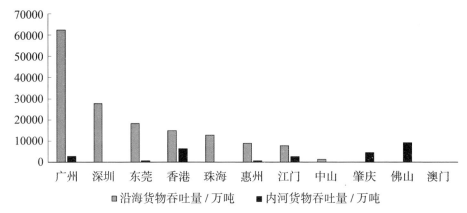

图 4-5-3　2021 年大湾区沿海货物吞吐量和内河航运货物吞吐量
（资料来源：中国交通运输部、广东省统计年鉴、香港政府统计处等）

亚内部"航线中处于领先地位，主要服务于中远海运及国内区域性航运公司，容纳了大部分国内贸易，并为腹地提供转运服务，逐渐成为助力"以国内大循环为主体、国内国际双循环相互促进"新发展格局的双向桥头堡。粤港澳大湾区港口功能分化趋势明显，在促进国际和国内两个市场、两种资源有效对接方面取得长足进步，国际航运枢纽功能日益凸显。

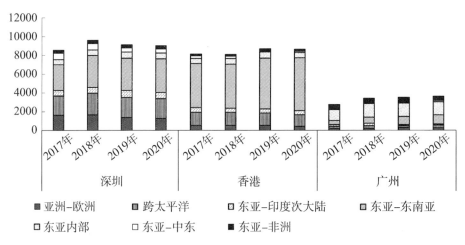

图 4-5-4　全球海运航线在大湾区主要沿海港口停靠次数
（资料来源：Lloyd's List Shipping Intelligence Database和AIS数据库）

（三）大湾区港航企业转型升级加快

大湾区港航企业智慧化发展不断实现新突破，智慧港口建设成果全球领先。自 2019 年《粤港澳大湾区发展规划纲要》提出构建现代化综合交通运输体系以来，大湾区港航企业积极投入大数据技术和航运设备升级。2021 年 3 月，全球航运业务网络联盟GSBN在香港成立，并成功推出"无纸化放货"的进口货物单证手续模式；11 月，深圳首个外贸区块链电子放货平台在深圳盐田港区正式启动，大湾区航运业数字化转型有序推进。智慧港口方面，2021 年 11 月，粤港澳大湾区首个 5G绿色低碳智慧港口——深圳蛇口妈湾智慧港开港。该港口在全球首创全域、全时、全工况、多要素的传统集装箱码头升级整体方案，集成了招商芯、招商ePort、人工智能、5G应用、北斗系统、自动化、智慧口岸、区块链、绿色低碳九大智慧元素，码头作业效率显著提升。其中，堆场、闸口效率分别提升了 45.4%和 50%，碳排放减少了 90%，率先同步实现了港口智慧化转型与全方位环境保护绿色发展。2022 年，香港海运港口局成立专责小组，探寻智慧港口发展的具体方案，持续推动大湾区港航企业向智慧化迈进。

（四）高端航运服务水平持续提升

大湾区港口群协作发展，航运服务产业发展成效斐然，大湾区航运业国际竞争力稳步提升。香港作为国际自由港，依托其国际航运中心与国际金融中心的特殊优势，船舶经纪、航运金融、海事保险、海事仲裁、教育研发等高附加值航运服务业基础雄厚，引领大湾区航运业向更高质量发展。航运金融方面，2021 年 10 月，招商租赁下属境外子公司招商局融资租赁（香港）控股有限公司签约首笔"可持续发展关联银团"贷款，展现了香港在航运金融方面境内外联动的巨大优势。海事保险方面，截至 2021 年，香港有获授权的涉海保险公司 84 家，12 家国际保赔协会集团成员协会办事处，成为全球第二大保赔保险中心。2021 年，香港施政报告强调重点发展船舶注册、海事保险、海事法律和仲裁、融资及管理等高端航运服务业，巩固香港的高端海运服务中心和亚太区重要转运枢纽地位。广州和深圳等港口城市的航运金融、航运交易、设计咨询等现代航运服务业也在蓬勃发展。大湾区内海关、港口、航运、企业联手合作，融合各港口城市优势，创新"粤港跨境通"平台等模式，开辟"船舶供应—货柜租赁—拖车运输—报关服务"等水路接驳环节全链条，有效保障了疫情冲击下国际航运物流通畅。在 2021 年新华·波罗的海国际航运中心发展指数排名中，香港居于全球第 4 位，广州和深圳分列第 13 位和第 17 位。大湾区内港口通力协作，高附加值航运服务水平显著改善，国际航运中心地位优势持续凸显。

二、粤港澳大湾区航运业面临的新机遇

（一）多重政策引领大湾区航运业高质量发展

国家总体发展战略规划、区域发展战略规划和行业发展规划共同引领大湾区建设，促进大湾区航运业向更高质量发展迈进。2020 年，我国明确加快构建以国内大循环为主体、国内国际双循环相互促进的新发展格局。作为外循环牵引内循环的重要节点，大湾区肩负国内国际双循环相互促进重要枢纽的任务，大湾区航运业高质量发展迎来战略机遇期。同年，交通运输部发布《关于推进海事服务粤港澳大湾区发展的意见》，指出要助力大湾区航运产业要素集聚，优化大湾区内国内航行港澳船舶海事管理服务，服务提升香港国际航运中心地位，支持增强广州、深圳国际航运综合服务功能，促进航运绿色发展，优化航运发展环境。2021 年，"十四五"规划明确指出，优化航运和航空资源配置，支持香港提升国际金融、航运、贸易中心和国际航空枢纽地位，加快建设世界级港口群，为大湾区航运业高质量发展树立了风向标。2022 年，《广东省海洋经济发展"十四五"规划》强调完善粤港澳大湾区港口基础设施，打造珠江口世界级跨江通道群，增强广州、深圳国际航运综合服务功能，引领大湾区东西两岸港口物流资源整合，形成与香港优势互补的港口、航运、物流和配套服务体系。基于《内地与香港关于建立更紧密经贸

关系的安排》（CEPA）框架，共建航运服务专业机构，强化粤港澳航运服务合作，航运支付结算、融资租赁、航运保险、会计审计及法律服务等高附加值航运服务业将成为大湾区航运业高质量发展的重要着力点之一。同年，国务院印发《广州南沙深化面向世界的粤港澳全面合作总体方案》，指出支持粤港澳三地在南沙携手共建大湾区航运联合交易中心，打造集成船舶管理、检验检测、海员培训、海事纠纷解决等海事服务的国际海事服务产业聚集区，大湾区航运业深度融合发展迎来新动能。

（二）经贸格局重构助力大湾区航运市场开拓

疫情持续蔓延、反复异变，全球经济下行压力依然严峻，地缘政治冲突叠加全球供应链危机，亚洲经济一体化势如破竹，经贸格局重构将引领大湾区航运市场布局新机遇。2021年，全球仍然陷于疫情反复暴发的泥潭中，以中国和东盟为代表的亚洲经济体率先实现复苏。根据《亚洲经济前景与一体化进程2022年度报告》，2021年，亚洲经济体加权实际GDP增速达6.3%，经济总量占全球经济总量的比重提升至47.4%，成为全球经济增长的重要引擎。作为亚洲经济的重要动脉，大湾区航运业迎来强劲的动力源泉。与此同时，俄乌冲突等地缘政治局势突变、欧美货币政策调整、关键初级产品供应以及能源供应紧张等诸多复杂因素导致大宗商品价格波动、金融市场动荡，对亚洲经济持续复苏带来一定阻碍，但亚洲经济一体化趋势势不可挡。2021年，我国正式提出申请加入《全面与进步跨太平洋伙伴关系协定》（CPTPP）；2022年1月，《区域全面经济伙伴关系协定》（RCEP）正式生效，全球最大、最具发展潜力的自贸区正式扬帆起航，为区域国家间务实合作注入新动能，为大湾区航运业提供了巨大的市场容量。2022年，《区域全面经济伙伴关系协定》（RCEP）正式生效后，深圳盐田港—菲律宾宿务港直航航线开通，覆盖RCEP区域的航线增至23条；中转集拼、"组合港"等航运模式也相继在大湾区上线。大湾区作为我国经济活力最强的区域之一，占据我国东南沿海开放门户的区位优势，拥有完整的航运生态链条，能够为中国与东盟贸易伙伴的深度贸易沟通提供完备的航运服务。亚洲经济一体化的推进乃至全球经贸格局重塑在为大湾区航运市场扩容的同时，也为大湾区航运市场布局的调整与优化提供了新方向。

（三）数字智能技术赋能大湾区航运新业态重塑

数字智能技术的创新发展与应用已然成为大湾区航运业态升级的核心驱动力。疫情对社会经济产生了颠覆性影响，线上办公与消费的工作生活模式成为常态，航运业空箱短缺、船舶停航、船期不准、港口拥堵、运价飞涨现象频频涌现，严重阻碍着经济复苏进程。5G、物联网、人工智能、大数据、云计算、区块链等数字智能技术能够突破时空约束，具有顽强的韧性，正在快速向社会经济各个领域扩散和渗透，在提升航运业稳定性方面展示出巨大优越性，疫情的持续和反复也大大加快了这一过程。数字智能技术与航运业运作模式的深度融合，将主导大湾区传统航运业数字化转型。借力于数字智能技术的快速发展与应用，大湾区加快布局贯穿航运全过程的智能化基础设施，搭建智慧航运网络；航运公司纷纷推出在线订舱、货物追踪等服务；港口企业开始应用无人驾驶AGV、自动化货物识别、无纸化单证、电子围栏等技术。区块链、物联网、人工智能等技术使大湾区内城际港口间的监管体制、检验检疫、认证认可衔接等环节步入数字空间，"枢纽港+沿线支线港""湾区一港通"等通关模式逐步上线，大幅缩减了通关时间和运输成本，大湾区航运服务一体化发展迎来新局面。与此同时，随着数字智能技术在制造业、金融业、交通运输业等领域广泛应用，数字化将成为产业链的核心要素。数字经济为大湾区航运企业以数字化打通航运业与实体企业、金融业等相关行业提供了重要契机，不断推动着航运业与产业链深度融合、协同发展。数字智能技术的创新与应用为大湾区航运业转型升级与业态重塑带来历史性新机遇，数字智能化将成为大湾区航运业主流化、常态化的新模式。

（四）"双碳"目标助力大湾区绿色航运市场潜力蓄积

随着全球经济持续复苏，全球绿色发展趋势强劲，航运业绿色转型压力持续增加，绿色航运迎来空前的市场潜力。自国际海事组织（IMO）在

《IMO船舶温室气体减排初步战略》中明确了航运业的碳减排目标以来，一些国家和国际组织相继发布"双碳"目标，我国也于2020年向全世界承诺了"双碳"目标。目前，化石能源仍然是航运业的主要动力能源，航运业绿色转型的根本在于节能环保技术的开发应用，尤其是清洁燃料技术，绿色航运市场潜力巨大，大湾区迎来绿色航运发展的战略机遇期。在"双碳"目标驱动下，越来越多的国家和国际组织加快了支持零碳船舶技术开发的步伐。2020年10月，国际港口协会与国际海事组织合作开展"绿色航行2050项目"，支持各国开发额外工具，促进港口与船企合作研发清洁环保技术。2021年3月，国际航运协会、波罗的海国际航运公会、国际邮轮协会等航运组织联合宣布，支持联合国成立50亿美元研发基金，用于船舶零碳技术等关键技术创新。随着全球能源结构调整加快，航运企业纷纷加入开发清洁燃料技术船舶的行列，使用生物甲烷、可再生天然气、绿色氨燃料等清洁燃料的船舶将成为绿色航运市场的主力装备。与此同时，航运业绿色转型产生的巨大绿色融资需求，催生了航运金融的绿色转型。2019年，旨在引导为环境友好型船舶制造提供融资支持的《波塞冬原则》签署，其缔约机构已增至26家，迅速覆盖全球一半航运融资额。香港作为大湾区航运金融领头羊，迎来发展绿色航运金融的新机遇。

三、粤港澳大湾区航运业面临的新挑战

（一）疫情持续蔓延，区域防控差异广泛存在

全球疫情持续蔓延，国内疫情多点散发，各个国家、地区之间防控措施差异广泛存在，并造成持续性连锁反应，对大湾区航运业畅通提出了严峻挑战。一方面，随着全球经济复苏，航运需求回升，特别是大宗商品及能源航运需求明显上升，但港口一线从业人员依然不足，港口效率普遍下降，全球性港口拥堵现象依然存在，运力供需失衡，船期可靠性、运费等均遭受连锁反应，受其波及，大湾区航运业同样面临挑战。另一方面，我国沿海港口城

市疫情突发性多点散发频发，各港口防疫措施存在差异，导致航运企业和货运代理改港、甩港、航线调整频繁，对港口吞吐量造成直接影响。与此同时，大湾区港口群间的通关环节，叠加严格的常态化防疫措施、上下游物流运输受限等因素，货物在途时间延长，货物压港频繁发生，港口堆场周转率与堆存能力面临挑战。

（二）全球经济动荡，航运市场不确定性攀升

经济下行压力依然严峻，全球通货膨胀持续发展，国际局势日趋复杂，全球经济进入动荡变革期，航运市场面临的不稳定性和不确定性攀升成为常态。一方面，为对冲疫情对经济的冲击，各国纷纷大力实施金融手段和量化宽松政策，全球性通货膨胀持续发酵，为全球经济复苏埋下隐患。地缘政治冲突加剧，逆全球化、贸易保护主义抬头，导致能源、粮食等原材料供应紧张，产业链和供应链频繁中断，世界经济复苏的不确定性大大增加，也加剧了世界范围内区域经济发展的不平衡性，依赖于全球贸易的航运市场需求不稳定、不平衡成为常态。另一方面，2021 年以来，航运需求回升与航运运力下降矛盾激化，叠加全球能源价格飙升，船舶租金、船员工资大幅提升，运价不断飙升，航运市场供不应求，而产业链上下游主体却无法获得足够利润，导致国际航运产业链价值不均衡，加剧了航运市场的不确定性。大湾区作为中国对外开放的重要门户和国际航运中心，其航运业与全球经济脉搏同频共振。全球经济动荡不安所引致的航运市场的不确定性和不平衡性，为大湾区航运业的持续稳定增长带来不可避免的挑战。

（三）环保规则收紧，航运业绿色数字化转型紧迫

全球范围内环保规则收紧已是不可阻挡的趋势。自 2018 年国际海事组织（IMO）发布《IMO 船舶温室气体减排初步战略》以来，各国家和组织相继开始为航运业碳减排努力。欧盟自 2018 年起实施大型船舶碳排放量监控、报告、核查制度。2020 年，中国做出力争 2030 年前实现"碳达峰"、2060 年前实现"碳中和"的"双碳"承诺。2021 年，欧盟计划将航运业纳入碳排

放交易体系，美国重新加入《巴黎协定》。与此同时，IMO 2020 限硫令也于 2020 年正式生效。然而，目前高度依赖于化石能源的船舶无法满足长期减排目标，航运排放量仍在持续增加。2021 年，全球航运业碳排放量达 8.33 亿吨，同比增长 4.9%，占全球总碳排放量的 3%，航运业碳减排乃至碳中和目标任重道远。另一方面，航运业绿色转型的途径是提高船舶等港航设备运作效率，核心则在于清洁高效的可替代燃料的生产、供给和应用。大数据、人工智能等数字智能技术将是航运企业、港口企业等寻求与环境兼容且经济可持续的技术和替代燃料的有效途径。面对日渐收紧的环保规则，全球低碳转型步伐加快的局面，航运业绿色数字化转型迫在眉睫。

（四）航运要素不均，大湾区内实质性合作有待深化

在大湾区独有的"一个国家、两种制度、三个关税区、三种货币"格局下，大湾区内城市间航运要素禀赋差异，叠加区内港口间复杂的竞合关系，使大湾区内航运业深度融合发展面临挑战。航运产业要素方面，香港作为典型的自由港，港口条件优越，通晓国际市场规则，其船舶登记、海事仲裁、航运金融、海事保险等高端航运要素丰富，高端航运服务业基础雄厚；广州、深圳等港口拥有广阔腹地，内河航运、陆路交通资源丰富，同时具备货源和多式联运便利的优势。营商环境方面，香港、澳门与广州、深圳等 9 市处于不同制度下，行业标准、法律法规等方面均存在一定差异，对大湾区内航运业跨城市协作带来一定影响。航运资源要素的差异，使大湾区内港口城市间形成竞争关系，航运资源未能得到充分利用。大湾区内航运要素不均和流动不畅，使大湾区航运一体化发展面临挑战。在构建以国内大循环为主体、国内国际双循环相互促进的新发展格局的过程中，大湾区港口群亟须集聚整合航运要素，深化港口间实质性合作，便利多种要素跨境流动，提升大湾区航运业综合竞争力。

四、粤港澳大湾区航运业高质量发展的建议

（一）凝聚多方共识，协调区域疫情防控措施

堅定战胜疫情的信念，凝聚大湾区城市群合作发展共识，加强区域政策协调，在严格防疫的前提下，为大湾区航运业高质量发展营造良好环境。由大湾区城市群行政部门牵头，与专业技术部门、港航企业一道，建立一个跨区域协同平台。基于此，充分协调大湾区城市间疫情防控措施，优化大湾区城市间的机制衔接与体制对接，着力破除大湾区城市间要素流动瓶颈，便利人流、物流、资本等要素在大湾区内高效流动、集聚和配置，推动大湾区航运业高质量发展。汇聚大湾区城市群各方力量，在落实常态化防疫措施的基础上，支持大湾区航运畅通，为经济社会秩序恢复奠定基础，服务我国"双循环"新发展格局的构建。

（二）开展多方探索，提升大湾区航运业韧性

顺应全球经贸格局发展趋势，多方合作探索，多管齐下，提升大湾区航运业发展韧性。一是进一步发挥航运金融、海事保险等高端航运服务优势，为大湾区航运业保驾护航。充分利用香港航运金融、海事保险优势，带动广州、深圳、东莞等城市高端航运服务业发展，拓宽高端航运服务覆盖面，服务大湾区航运业高质量发展的需求。同时，加强航运企业与银行、保险公司等金融机构的合作，保障航运企业资金供给，协商解决因疫情导致的货款延期、保险展期等问题，缓释航运企业资金压力。二是把握RCEP机遇，持续推进中转集拼、"组合港"以及海铁联运等创新型航运模式，畅通大湾区海运新通道，提升货物通关效率，确保大湾区航运业稳定发展，提升大湾区航运业综合竞争力。

（三）强化共建共享，塑造大湾区航运业绿色智能业态

强化数字智能科技联合创新与应用，携手推进大湾区航运业绿色智慧节能低碳化发展。一是打破数据共享壁垒，由广州、深圳、香港等主要港口城

市牵头，共同搭建基础性航运数据中心，共建、共用、共享一个标准统一的多元化的大湾区内外互联互通、运作高效的智慧型航运公共信息服务平台，推动实现通航环境、船舶动态、监管活动互通共享。二是紧抓"双碳"目标契机，发挥香港航运金融、船舶经纪等高端航运服务优势，持续共同支持5G、物联网、人工智能、大数据、云计算、区块链等数字智能技术联合创新与应用；依托智慧型航运公共信息服务平台，整合大湾区内绿色航运要素与智能化要素，协作塑造大湾区航运业信息迅速联通共用、人员资金物资运行畅通高效的绿色智能新业态。

（四）加强战略对接，夯实大湾区航运共同体

优化大湾区港口群的合作与分工，对接国家发展战略，推进大湾区航运一体化发展，夯实大湾区航运共同体。一是充分利用大湾区"一个国家、两种制度、三个关税区、三种货币"格局的优势，加快粤港澳城市群相关规则衔接，协调和对接城市发展规划与大湾区发展规划，研究制定精准扶持政策，促进各类要素跨境、便捷、高效流动，为大湾区建设营造良好的环境。二是整合广州南沙港、深圳蛇口港、珠海高栏港、澳门深水港、香港葵涌货柜码头等港口资源，以及香港船舶经纪、航运金融、海事保险、海事仲裁等高端航运服务资源，避免同质化竞争，引导港口错位发展，打造一个功能分化明确、优势互补的粤港澳新型国家航运联盟，推动大湾区航运一体化发展。三是统筹产业发展布局与航运一体化进程，引导航运业向产业链供应链延伸融合，为我国经济"走出去"与"引进来"提供更大便利，以高质量航运业支持我国经济向更高质量发展。

执笔人：薛岳梅（香港理工大学）

黄筱欣（香港理工大学）

黎基雄（香港理工大学）

杨　冬（香港理工大学）

6

我国海洋经济生产效率与环境治理效率演变及差异性分析

　　摘要：海洋经济作为我国经济发展的新增长点，实现海洋经济增长与海洋环境保护的共赢、全面提高海洋经济增长效率已成为当前海洋经济发展的必然要求。本报告依据中立型两阶段交叉效率评价方法，构建海洋经济生产效率、海洋经济环境治理效率及其综合效率的评估模型，多维度解析我国海洋经济增长质量；之后给出我国海洋经济生产效率与环境治理效率的收敛特征与动态演进趋势。研究结论有助于全面把握我国海洋经济增长质量，为制定科学合理的海洋经济高质量发展政策提供支撑。

　　关键词：生产效率；环境治理效率；综合效率；动态演进

　　海洋是高质量发展的战略要地，海洋经济已成为当前国民经济发展新的增长极。然而，我国海洋经济高速增长也造成了海洋资源的大量损耗以及近海海域生态质量的退化，给海洋经济的高质量发展带来严峻挑战。在加快建设海洋强国战略背景下，协同提高海洋经济生产效率与环境治理效率，实现海洋经济增长与海洋资源环境保护的共赢，已成为当前海洋经济向高质量发展迈进的必然要求。

因此，本报告从海洋经济的生产、环境治理的多阶段网络特征入手，以11个沿海地区及其被划分的三大区域为研究对象，评价我国海洋经济的生产效率、环境治理效率及其综合效率，并进一步研判其动态演变特征，从而全面把握我国海洋经济生产、环境治理投入产出活动的质量，助力海洋强国战略的实施。

一、我国海洋经济生产效率与环境治理效率评价概述

本报告从海洋经济的生产、环境治理多阶段生产流程入手，依据中立型两阶段交叉效率评价方法，构建海洋经济生产效率、海洋经济环境治理效率及其综合效率的评估模型，多维度解析我国海洋经济增长质量。该模型的优点在于，将交叉效率与网络DEA方法相结合，设计包含生产阶段与环境治理阶段的两阶段网络结构，更贴合于海洋经济的实际生产过程，同时以中立策略设置二次目标，更能体现海洋经济发展与环境保护协同发展的目标，评价结果更为客观真实。

海洋经济的生产环节与环境治理环节以污染物作为中间产品，形成上下游关系，相互协作，促进海洋经济绿色增长（图 4-6-1）。因此，本报告对海洋经济效率的评价主要包括以下方面。

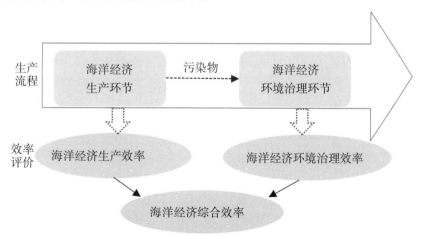

图 4-6-1　海洋经济的生产效率、环境治理效率及其综合效率

一是海洋经济生产效率评价。海洋经济生产效率是对海洋经济增长过程中生产环节效率水平的衡量。海洋经济的生产过程，利用海洋资本、劳动以及海洋资源，创造海洋生产总值，同时产生环境污染。各种投入要素间的互补与替代关系、海洋资源的有限性、期望产出与非期望产出的联合性等，使得对海洋经济生产效率的评价必须综合考虑海洋经济要素利用特点。海洋经济生产效率评价维度更有助于发现各个沿海地区海洋经济在生产阶段存在的问题，挖掘各个沿海地区之间的差距。

二是海洋经济环境治理效率评价。海洋经济环境治理效率是对海洋经济增长过程中环境治理环节效率表现的衡量。海洋环境治理环节承接生产环节的环境污染，利用环境治理投资将废弃物进行加工回收利用，并将符合排放标准的污染物排出。海洋环境治理效率就是对这一过程效率有效性的量化。尽管海洋经济生产环节与环境治理环节在要素利用上并不相同，但二者存在要素联动关系，即以海洋经济生产阶段的非期望产出作为海洋经济环境治理阶段的输入，链接两个过程。海洋经济环境治理效率评价能挖掘出各沿海地区海洋环境治理活动的质量高低，是对以往以生产环节为核心的海洋经济效率评价结果的重要补充。

三是海洋经济综合效率评价。海洋经济综合效率是海洋经济生产效率与环境治理效率的全面体现，是对海洋经济生产环节与环境治理环节有效程度的综合反映。海洋生产效率评价维度和海洋环境治理评价维度彼此联系，共同支撑形成海洋经济综合效率，更能体现生产与治理的协同，有助于各沿海地区更好地推动海洋经济高质量发展。

本报告以海洋经济资本、劳动、海洋资源消耗、环境治理投资等为投入要素，以海洋生产总值、环境质量为产出要素，构建中立型两阶段交叉效率评价模型，评估我国海洋经济生产效率、海洋经济环境治理效率及其综合效率。研究对象包括 11 个沿海地区及其被划分的三大区域。其中，北部海洋经济圈包括辽宁省、河北省、山东省以及天津市；东部海洋经济圈包括江苏省、上海市和浙江省；南部海洋经济圈包括福建省、广东省、广西壮族自治区和海南省。鉴于目前海洋经济数据的可得性，数据样本区间为 2006—2019 年，数据来源于 2016—2020 年《中国统计年鉴》《中国海洋统计年鉴》《中国海洋环境质量公报》《中国环境统计年鉴》以及沿海地区的海洋环境公报。

二、我国海洋经济生产效率与环境治理效率的评估

（一）海洋经济生产效率分析

全国层面上，我国海洋经济生产效率呈现稳步提升态势，但 2019 年生产效率略有下降（图 4-6-2）。

研究期内我国海洋经济生产效率平均水平为 0.5070，较有效决策单元仍具有较大的效率提升空间。从时间趋势来看，海洋经济生产效率呈现缓慢增长态势，由 2006 年的 0.4769 增长至 2018 年的 0.5274，整体提升了 10.6%，2019 年略有下降，为 0.4631。在三个"五年计划"当中，增长速度略有差别："十一五"阶段增长最为迅速，从 0.4769 增长至 0.5113，效率水平年均增长 0.009；"十二五"时期，海洋经济生产效率增长速度略有减缓，年均增长

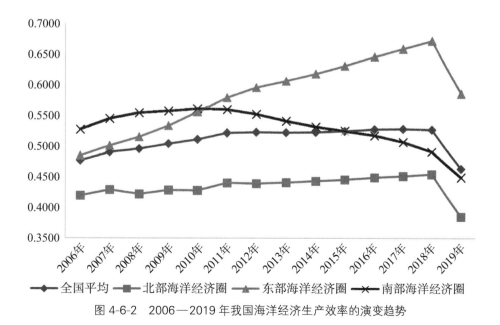

图 4-6-2 2006—2019 年我国海洋经济生产效率的演变趋势

0.003。"十一五"以来，国家对海洋事业做出重要部署：开放海洋资源，实施海洋综合管理，促进海洋经济发展。我国海洋经济进入快速发展时期，本报告测算的海洋经济生产效率变化也印证了这一结果。2017年，党的十九大明确指出我国经济已由高速增长阶段转向高质量发展阶段，对海洋经济发展、海洋资源开发提出了更高的要求。例如，2018年国家海洋局出台13条强硬措施加强围填海管控，堪称"史上最严措施"。2019年我国海洋经济生产效率出现了下降趋势。

区域层面上，三大海洋经济圈呈现差异化特征，东部海洋经济圈生产效率优势显著。

东部海洋经济圈的海洋经济生产效率平均值为0.5847，在三大海洋经济圈中处于领先水平，且各年份均显著高于全国平均水平。从变化趋势来看，其趋势与全国水平基本一致，但在各时期的增长幅度更为显著。这一结果表明了东部海洋经济圈在海洋经济发展中的带动作用。南部海洋经济圈的海洋经济生产效率平均值为0.5303，高于全国平均水平，呈现先升后降的走势，"十一五"阶段南部海洋经济圈优势显著，生产效率不断提升，但自2010年以来则出现了下降，并未实现海洋经济数量与质量的同步提升。北部海洋经济圈的海洋经济生产效率平均值为0.4342，低于其他两大海洋经济圈，但也呈现稳步提升态势。

（二）海洋经济环境治理效率分析

全国层面上，我国海洋经济环境治理效率呈现出"增—减—增"的正 N 形走势（图4-6-3）。

我国海洋经济环境治理效率平均水平为0.5389，略高于生产效率平均水平。从整体变化趋势来看，海洋经济环境治理效率呈现出"增—减—增"的正 N 形走势。其中，"十一五"阶段海洋环境治理效率呈现明显增长态势，从2006年的0.5612增长至2010年的0.6665。"十一五"阶段，海洋经济快速发展的同时，国家提出渤海、长江口等重点海域的综合治理工作，这对于缓解我国近海海域环境污染、提升海洋环境治理效率起到了关键性作用。然而，"十二五"阶段我国海洋经济环境治理效率普遍呈现下滑态势。2012年之后，"海洋生态文明建设""建设美丽中国"等一系列战略措施的提出，对海洋生态环境治理提出了更高的要求。在海洋经济规模不断扩大的背后，沿岸与近海生态环境压力也陡增。虽然沿海地区投入了大量的环境治理费用，但环境治理效果并不显著，海洋环境治理效率呈现下滑态势。2015年《环境保护法（修订）》《国家海洋局海洋生态文明建设实施方案》先后颁布实施，海洋生态文明建设开始步入落地实施阶段，从2016年开始沿海地区海洋经济环境治理效率呈现增长态势。

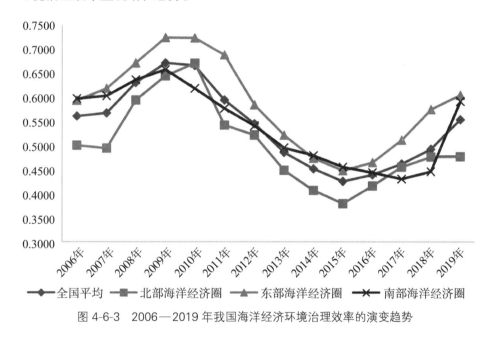

图 4-6-3 2006—2019年我国海洋经济环境治理效率的演变趋势

区域层面上，三大海洋经济圈海洋经济环境治理效率变动趋势基本一致，东部海洋经济圈环境治理效率优势明显。

北部海洋经济圈的环境治理效率在三大海洋经济圈中处于较低水平，研究期内环境治理效率均值为0.5017。渤海是我国唯一的半封闭型内海，海洋生态系统脆弱，给北部海洋经济圈海洋经济环境治理带来了巨大挑战。北部海洋经济圈在海洋环境治理阶段的效率值在2011年出现了剧烈的下降。一方面，这与海洋经济发展的污染排放与累积有关；另一方面，2011年6月渤海海域发生了严重的油田泄露事件，导致了严重的海洋环境容量损伤与生态服务功能破坏。东部海洋经济圈的海洋环境治理效率平均水平为 0.5859，显著高于全国平均水平。东部海洋经济圈两省一市在金融贸易、生物医药、港口以及船舶工业等方面互为补充，使其不仅保持了高于其他区域的生产效率水平，其环境治理效率也表现出了明显优势。南部海洋经济圈海洋环境治理效率平均值为 0.5408，除 2010 年外，其余年份均高于全国平均水平 7.7% 左右。自 2016 年开始，南部海洋经济圈海洋环境治理效率不断回升，特别是在 2019 年，南部海洋经济圈与表现最优的东部海洋经济圈海洋经济环境治理效率水平基本持同。

（三）海洋经济综合效率分析

全国层面上，我国海洋经济综合效率呈现"增—减—增"的变化态势（图 4-6-4）。

研究期内我国海洋经济综合效率平均值仅为 0.4981，还具有较大的进步空间。"十一五"期间，我国海洋经济综合效率增长较快，从 2006 年的 0.4732 到 2010 年增长至 0.5128，效率水平增长了 7.9%。这一阶段，环境治理效率明显高于生产效率，幅度超过了 20%，对海洋经济综合效率的提升起到了极大的促进作用。"十一五"规划特别强调了"保护海洋生态""促进海洋经济发展"等，并首次颁布了《国家海洋事业发展规划纲要》，海洋经济的发展规模与效率均在这一时期获得了较快的提升。然而，"十二五"阶段，我国海洋经济综合效率开始呈现下降趋势，从 2011 年的 0.5152 下降至 2015 年的 0.4854。2012 年，环境治理效率开始低于生产效率，自此，生产效率与环境治理效率对海洋经济综合效率的作用方向开始发生逆转，生产效率开始成为促进海洋经济综合效率提升的主要力量。"十三五"以来，我国海洋经济综合效率再次步入稳步提升阶段，从 2015 年的 0.4854 增长至 2019 年的 0.6226。这一阶段仍以生产效率的推动作用为主，但环境治理效率在这一时期也开始不断提升。这一变化，也印证了海洋强国建设以及海洋生态文明建设的重大成就，伴随海洋经济的不断发展，海洋经济的生产能力与环境治理水平在不断增强。

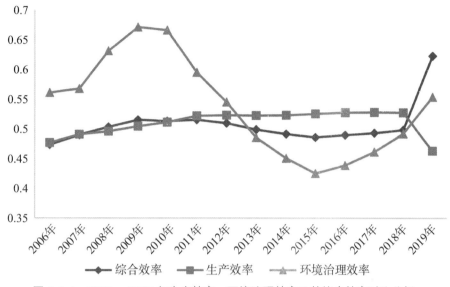

图 4-6-4　2006—2019 年生产效率、环境治理效率及其综合效率对比分析

　　区域层面上，三大海洋经济圈海洋经济综合效率变动趋势基本一致，但不同阶段变化速度存在一定差异（图 4-6-5）。

　　整体来看，东部海洋经济圈的海洋经济综合效率显著高于其他海洋经济圈。其中，"十一五"阶段，东部海洋经济圈综合效率增长最为迅速，从 2006 年的 0.5166 增长至 2010 年的 0.5853；"十二五"阶段，东部海洋经济圈的海洋经济综合效率基本保持稳定并略有上升，于 2015 年略有波动性下滑但并不显著；"十三五"阶段，东部海洋经济圈再次出现效率水平的显著性提升，到 2019 年，东部海洋经济圈海洋经济综合效率水平已达到 0.6979。南部海洋经济圈的海洋经济综合效率呈现先增后减的变化趋势。"十一五"阶段，南部海洋经济圈的海洋经济综合效率优势明显，且增长幅度尤为明显，从 2006 年的 0.5194 到 2009 年已上升至 0.5718，而同时期全国平均水平仅为 0.5150。但从 2010 年开始，南部海洋经济圈的海洋经济综合效率开始呈现下降趋势。北部海洋经济圈的海洋经济综合效率水平显著低于其余地区，平均效率水平为 0.4091，为全国平均水平的 82%。北部海洋经济圈生产效率与环境治理效率的双低导致了海洋经济综合效率整体低于其余地区。

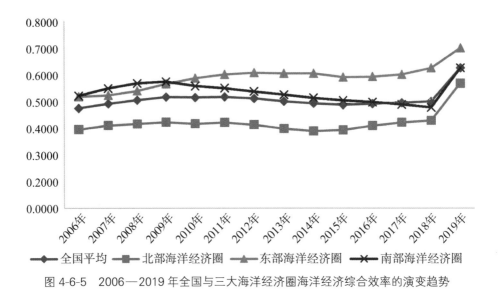

图 4-6-5　2006—2019 年全国与三大海洋经济圈海洋经济综合效率的演变趋势

三、我国海洋经济生产效率与环境治理效率的动态演进分析

（一）基于变异系数的收敛性分析

本部分以海洋经济生产效率、环境治理效率及其综合效率为基础，利用变异系数探讨我国海洋经济增长过程中的收敛特征，从而判断其演变趋势。

1.海洋经济生产效率的收敛性分析

全国层面上，海洋经济生产效率的变异系数呈现"减—增"的 V 形走势（图 4-6-6）。

"十一五"阶段，海洋经济生产效率变异系数呈现下降趋势。由于沿海地区资源禀赋与海洋产业的不同，各沿海地区海洋经济生产效率具有一定的差异性。随着沿海地区海洋经济蓬勃发展，区域海洋经济生产效率的差距不断缩小，至 2010 年已经下降至 0.3285，年均下降 2.7%，展现为阶段性收敛

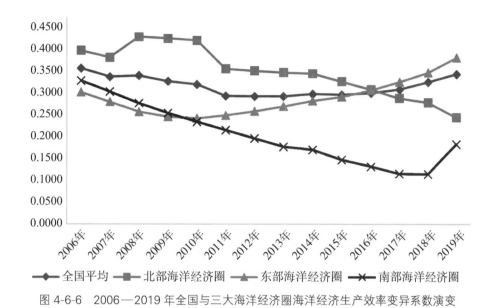

图 4-6-6　2006—2019 年全国与三大海洋经济圈海洋经济生产效率变异系数演变

态势。"十二五"阶段，海洋经济生产效率的变异系数基本维持不变，均围绕 0.30 至 0.31 上下波动，这表明"十二五"阶段海洋经济生产效率的区域差距未发生较大改变，区域海洋经济生产效率的协调性增强，维持生产效率的收敛态势。但是这一收敛情况在"十三五"时期并未得以延续，自 2016 年开始，海洋经济生产效率变异系数出现了轻微上扬，海洋经济生产过程中的区域效率差距呈现轻微放大趋势，但仍处于可控范围。

区域层面上，三大海洋经济圈生产效率的收敛态势基本一致，即北部海洋经济圈与南部海洋经济圈均满足收敛特征，而东部海洋经济圈表现为发散特征。

北部海洋经济圈在"十一五"阶段，生产效率变异系数略有增加，区域差距有所放大，但自 2011 年开始，海洋经济生产效率区域差距不断缩小。东部海洋经济圈生产效率变异系数在"十一五"阶段呈现下降趋势，区域效率差异有所收紧，但自"十二五"以来，生产效率的变异系数呈现了快速的上涨趋势，区域效率差距不断放大，即呈现"减—增"的V形走势。以上海市为代表的海洋经济先行省市生产优势开始凸显，致使东部海洋经济圈内部海洋经济生产效率差距增加。南部海洋经济圈生产效率变异系数整体呈现走低趋势，区域内的效率差距不断缩小。

2. 海洋经济环境治理效率的收敛性分析

全国层面上，海洋经济环境治效率整体走势表现为"减—增—减"变化态势，且波动幅度较为显著（图4-6-7）。

在"十一五"阶段，我国海洋经济环境治理效率变异系数呈现减小态势，直至2011年变异系数减小至0.1957。但是从2012年开始，海洋经济环境治理效率开始快速上升，到2014年变异系数已经达到了0.3019。"十二五"以来，沿海地区海洋生态环境治理问题凸显，典型海洋生态系统多处于亚健康状态，特别是渤海湾溢油事件等突发性海洋环境污染事故的发生，给海洋环境治理带来了前所未有的挑战。环境治理效率差距的增大在很大程度上是导致海洋经济综合效率的区域差距扩大的重要原因。需要指出的是，环境治理效率的变异系数与标准差的高位水平仅持续到了2014年，自2015年开始，环境治理效率的变异系数又开始下降，区域差距有缩小态势。

区域层面上，各区域环境治理效率的变异系数波动性显著高于生产效率

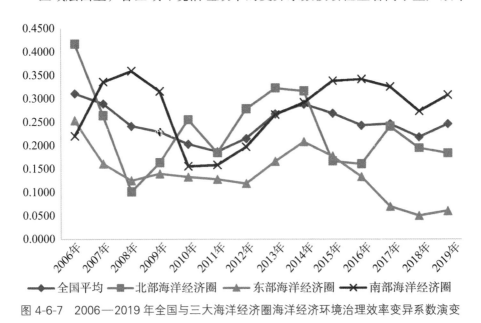

图4-6-7　2006—2019年全国与三大海洋经济圈海洋经济环境治理效率变异系数演变

变异系数的变化，环境治理效率的区域差距更为显著。

北部海洋经济圈环境治理效率变异系数变动最为剧烈，特别是在"十一五"阶段，变异系数呈现剧烈波动。从2011年开始，北部海洋经济圈的环境治理效率变异系数呈现波动性走高，这可能与环渤海地区资源环境的约束逐渐收紧有关，频发的海洋污染事件对渤海周边地带海洋环境治理带来巨大压力，使海洋环境治理效率分异性增强。东部海洋经济圈变异系数呈现"减—增"的V型走势，即在"十一五"阶段变异系数减小，区域内效率差距收紧，但自2011年开始，东部海洋经济圈的环境治理阶段的效率差距即呈现放大趋势，呈现出明显的发散特征。南部海洋经济圈的环境治理效率变异系数呈现"减—增—减"的变化特征，即整体性收敛伴随短时间发散。

（二）海洋经济综合效率的收敛性分析

全国层面上，海洋经济综合效率与环境治理效率的变异系数的变化趋势基本一致，均呈现出"减—增—减"趋势，但波动幅度更小（图4-6-8）。

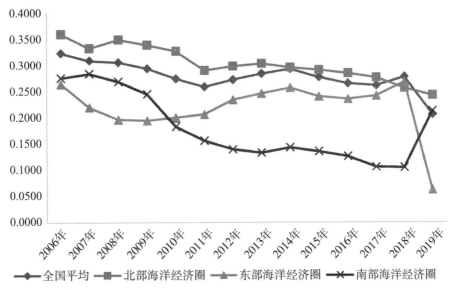

图4-6-8　2006—2019年全国与三大海洋经济圈海洋经济综合效率变异系数演变趋势

在"十一五"期间海洋经济综合效率的变异系数趋于缩小，呈现收敛态势，并一直延续到 2011 年，变异系数达到研究期内的最低水平。但这一收敛趋势于 2012 年发生了改变，变异系数出现明显上涨，表明海洋经济综合效率的差异化程度略有上升。需要指出的是，海洋经济综合效率这一上涨走势并没有延续很长时间，从 2015 年变异系数开始走低，海洋经济综合效率的区域差异开始减小。简言之，海洋经济综合效率整体呈现收敛态势，只在"十二五"期间出现了短暂的波动，海洋经济综合效率具有收敛特征。

区域层面上，海洋经济圈内部海洋经济综合效率差异有所不同，且北部海洋经济圈的内部差异最大。

北部海洋经济圈海洋经济综合效率的变异系数显著高于同时期其他海洋经济圈，北部海洋经济圈内部差距较高，但变异系数整体呈现下降态势，具体来看，"十一五"阶段下降速度比较明显，区域内差距收缩显著，但自 2012 年开始，变异系数的下降有所减缓，但仍处于平稳下降态势。东部海洋经济圈在"十一五"前期海洋经济综合效率变异系数呈现下降态势，但自 2008 年开始，东部海洋经济圈的变异系数一路走高，区域差距不断扩大。南部海洋经济圈海洋经济综合效率变异系数的下降趋势最为明显，是三大海洋经济圈中收敛态势最显著的地区，区域内海洋经济综合效率差距明显缩小。

（三）基于核密度估计的动态演进趋势分析

为更准确研判我国海洋经济生产效率与环境治理效率的动态演进态势，本部分借助核密度估计方法，对各效率的分布与演化态势进行深入剖析。

一是海洋生产效率核密度曲线呈现轻微左移伴随右拖尾倾向，这表明部分沿海地区海洋生产效率优势不断凸显（图 4-6-9）。

从海洋经济生产效率核密度曲线的波峰位置来看，以 2010 年为分界点，2006—2010 年，主峰位置呈现右移倾向，整体海洋经济生产效率水平呈现上升态势。"十一五"阶段我国海洋经济发展迅速，伴随着海洋经济生产规模的扩展，海洋经济生产效率也呈现抬升态势。但自 2010 年后，主峰位置则呈现轻微左移，尽管海洋经济总量仍处于不断攀升状态，但效率水平略有下降。

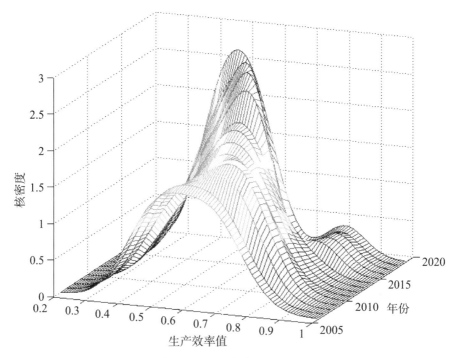

图 4-6-9　海洋经济生产效率的核密度估计结果

"十二五"以来，我国海洋经济进入深度调整期，资源环境受约束的问题不断凸显，加之产业结构调整的"阵痛"，在一定程度上导致了海洋经济生产效率的下滑。生产效率呈现出右拖尾特征。相较于海洋环境治理效率，具有海洋生产效率优势的沿海地区更为突出，特别是 2015 年以来，右侧拖尾逐渐演化为侧峰。尽管从总体来看我国海洋经济的平均生产效率是上扬的，由于区域生产效率水平的两极分化，"优者更优"整体上拉升了全国平均效率水平。事实上，去除优势性效率沿海地区后，在海洋资源环境日益约束收紧的情形下，海洋经济生产面临巨大挑战，在当前增速换挡与产业结构调整多期叠加的背景下，多数沿海地区的海洋经济生产效率面临挑战。

　　二是海洋经济环境治理效率核密度曲线主峰呈现先左移后右移的变化趋势，波峰高度呈现波动性上升，区域海洋经济环境治理效率趋于向好（图 4-6-10）。

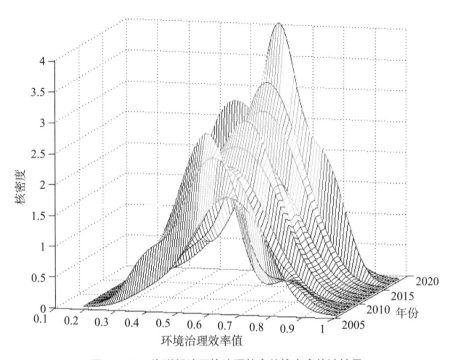

图 4-6-10 海洋经济环境治理效率的核密度估计结果

以 2008 年为界，2006—2008 年海洋经济环境治理效率的分布位置呈现左移倾向，即在这一阶段，海洋经济的环境治理压力有所增加，环境治理效率水平整体有降低倾向。自 2008 年开始，整体分布呈现缓慢右移态势，也就是说，随着国家环境保护力度的加强，海洋经济的环境治理能力不断提升，环境治理效率呈现优化态势。同时，海洋经济环境治理效率的波峰高度与五年计划同步，呈现周期性涨落变化，并总体表现为波峰高度上升态势。尽管存在短期的波峰高度的下降，但是整体趋势仍是以波峰高度的上升为主。海洋经济环境治理效果的好坏，受到外部因素的干扰较为强烈，当出现突发性环境污染事件时，通常会对海洋环境治理效果产生影响。伴随我国海洋环境治理工作的逐步深入，区域间海洋经济环境治理效率差距呈现波动下降趋势，区域间的合作以及环境治理协调性正在逐步增强。

三是海洋经济综合效率的核密度曲线形态与生产效率核密度分布形态较

为接近，存在轻微左移现象（图 4-6-11）。

　　海洋经济综合效率主峰位置变化与海洋经济生产效率表现基本一致，整体分布呈现先右移后左移的变化趋势。换言之，海洋经济生产效率的变化对海洋经济综合效率的走势产生了较大的影响，生产效率区域差异是导致区域海洋经济综合效率差异的重要来源。研究期内，海洋经济综合效率核密度曲线波峰高度不断上升，且开口宽度趋于收紧。这表明，区域间的海洋经济综合效率呈现聚集状态，区域差距可控，海洋经济综合效率具有收敛趋势。海洋经济综合效率分布曲线具有右侧拖尾特征，且随时间推移，右侧拖尾逐渐演化为侧峰。这一现象的产生，主要源于高效率沿海地区的存在。研究初期，海洋经济综合效率的核密度曲线分布较为对称，近似于正态分布，高效率与低效率沿海地区数目相当。随着海洋经济规模扩大，以广东、上海等为代表的先发省市优势开始逐渐凸显，相较于其他沿海地区效率优势不断凸显，右

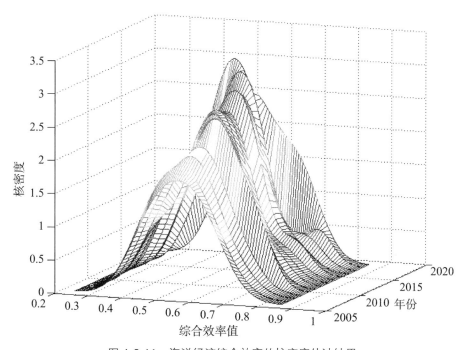

图 4-6-11　海洋经济综合效率的核密度估计结果

侧拖尾不断突出，逐渐演化为侧峰。推动海洋经济高质量发展，更需要沿海地区的协调发展。

执笔人：丁黎黎（中国海洋大学）

杨　颖（燕山大学）

汪克亮（中国海洋大学）

参考文献

[1] Angeliki N M, Nisar A, Reza F, Amber N. The Convergence in Various Dimensions of Energy-Economy-Environment Linkages: A Comprehensive Citation-based Systematic Literature Review [J]. Energy Economics, 2021, 104: 105653.

[2] Ding L L, Lei L, Zhao X. China's Ocean Economic Efficiency Depends on Environmental Integrity: A global Slacks-based Measure [J]. Ocean & Coastal Management, 2019, 176: 49−59.

[3] Global Wind Energy Council. Global Offshore Wind Report 2022 [R]. Denmark: Global Wind Energy Council, 2022: 11.

[4] Meng F, Wang W. Heterogeneous Effect of "Belt and Road" on the Two-stage Eco-efficiency in China's Provinces [J]. Ecological Indicators, 2021, 129: 107920.

[5] United Nations Environment Programme Finance Initiative. Rising Tide: Mapping Ocean Finance for a New Decade [R]. Kenya: United Nations Environment Programme Finance Initiative, 2021.

[6] United Nations Environment Programme Finance Initiative. Turning the Tide: How to Finance a Sustainable Ocean Recovery—A Practical Guide for Financial Institutions [R]. Kenya: United Nations Environment Programme

Finance Initiative, 2021.

［7］United Nations Environment Programme Finance Initiative. Recommended Exclusions List ［R］. Kenya: United Nations Environment Programme Finance Initiative, 2021.

［8］安海燕. 山东启动新一轮海洋强省建设［N］. 中国自然资源报，2022-02-17.

［9］博鳌亚洲论坛. 亚洲经济前景与一体化进程2022年度报告［M］. 北京：对外经济贸易大学出版社，2022.

［10］曹艳，谢素美，李宁，等. 我国海洋战略性新兴产业研究综述［J/OL］. 海洋开发与管理：1-9［2022-07-28］. DOI: 10. 20016/j. cnki. hykfygl. 20220621. 001.

［11］陈璠. 为何国家4亿元资金投向这里？［N］. 天津日报，2021-11-22.

［12］陈美伊. 新时代海洋金融发展现状与对策探析［J］. 区域金融研究，2020（5）：55-59.

［13］陈平，李璺，李俊龙. 日本海洋环境质量标准体系现状及启示［J］. 环境与可持续发展，2012，37（6）：69-76.

［14］陈明华，岳海珺，郝云飞，等. 黄河流域生态效率的空间差异、动态演进及驱动因素［J］. 数量经济技术经济研究，2021，38（9）：25-44.

［15］陈相堂，张秀梅，徐惠章，等. 我国战略性海洋新兴产业发展特征、现状与对策［A］//海洋开发与管理第二届学术会议论文集［C］. 北京，2018：24-30.

［16］丁黎黎. 海洋经济高质量发展的内涵与评判体系研究［J］. 中国海洋大学学报（社会科学版），2020（3）：12-20.

［17］丁黎黎，张恒瑶. 我国现代海洋产业体系的内涵及重点发展领域研究［J］. 中国海洋大学学报（社会科学版），2022（4）：14-22.

［18］董成惠. 粤港澳大湾区共享合作协同机制研究［J］. 经济体制改革，2021（4）：74-79.

［19］窦立荣，史卜庆，范子菲. 全球油气勘探开发形式及油公司动态（2021年）［M］.北京：石油工业出版社，2021.

［20］段春祥，吴剑. 天津出台法规促进海水淡化产业发展［N］.中国自然资源报，2022-01-19.

［21］冯贻东，冯汉林. 现代海洋药物研发进展与浅析［J］.应用海洋学学报，2021，40（2）：366-371.

［22］福建省人民政府办公厅. 海上养殖转型升级行动方案［EB/OL］.（2021-04-26）.福建省人民政府门户网站，http：//www. fujian. gov. cn/zwgk/zxwj/szfwj/202104/ t20210429_5587667.htm.

［23］付秀梅，薛振凯，刘莹.“一带一路”背景下我国海洋生物医药产业发展研究［J］.中国海洋大学学报（社会科学版），2019（3）：21-30.

［24］管华诗. 海洋药物开发及其产业［J］.海洋开发与管理，1998（3）：35-36.

［25］广东省交通运输厅. 粤港澳大湾区首个5G绿色低碳智慧港口开港［EB/OL］.（2021-11-17）.广东省交通运输厅官网，http：//td. gd. gov. cn/dtxw_n/tpxw/ content/post_3667023.html.

［26］广东省人民政府办公厅. 广东省国民经济和社会发展第十四个五年规划和2035年远景目标纲要［EB/OL］.（2021-04-24）.广东省人民政府门户网站，http：//www. gd. gov. cn/zwgk/wjk/qbwj/yf/content/post_3268751.html.

［27］广东省人民政府办公厅. 广东省海洋经济发展“十四五”规划［EB/OL］.（2021-12-14）.广东省人民政府门户网站，http：//www. gd. gov. cn/zwgk/wjk/ qbwj/yfb/content/post_3718595.html.

［28］广东省自然资源厅. 广东海洋经济发展报告（2022）［EB/OL］.（2022-07-13）.广东省自然资源厅官网，http：//nr. gd. gov. cn/zwgknew/sjfb/tjsj/content/post_3 972658.html.

［29］广西壮族自治区海洋局，广西壮族自治区发展和改革委员会. 广西海洋经济发展“十四五”规划［EB/OL］.（2021-09-09）.广西壮族自

治区海洋局官网，http：//hyj. gxzf. gov. cn/zwgk_66846/xxgk/fdzdgknr/
zcfg_66852/zxfggz/t10483796.shtml.

［30］广西壮族自治区海洋局，广西壮族自治区发展和改革委员会. 广西向
海经济发展战略规划（2021—2035年）［EB/OL］.（2021-11-15）. 广
西壮族自治区海洋局官网，http：//hyj. gxzf. gov. cn/zwgk_66846/xxgk/
fdzdgknr/fzgh/ghjh/t1110607 8.shtml.

［31］广西壮族自治区海洋局. 2021年广西海洋经济统计公报［EB/OL］.
（2022-06-08）. 广西壮族自治区海洋局官网，http：//hyj. gxzf. gov.
cn/zwgk_ 66846/hygb_66897/hyjjtjgb/t12610987.shtml.

［32］广西壮族自治区人民政府. 广西壮族自治区国民经济和社会发展第
十四个五年规划和2035年远景目标纲要［EB/OL］.（2021-04-26）.
广西壮族自治区人民政府门户网站，http：//www. gxzf. gov. cn/zwgk/
fzgh/ztgh/t9137059.shtml.

［33］广西壮族自治区人民政府. 广西科技创新"十四五"规划［EB/OL］.
（2021-11-11）. 广西壮族自治区人民政府门户网站，http：//www.
gxzf. gov. cn/zf wj/zxwj/t10762575.shtml.

［34］高悦，朱彧. 山东巩固海洋经济高质量发展态势［N］. 中国自然资源
报，2021-11-08.

［35］国家发展改革委. 高端船舶和海洋工程装备关键技术产业化实施方案
［EB/OL］.（2017-12-13）. 国家发展改革委官网，https：//www. ndrc.
gov.cn/xxgk/ zcfb/tz/201712/t20171226_962627. html?code=&state=123.

［36］国家发展改革委，自然资源部. 关于印发《海水淡化利用发展行
动计划（2021—2025年）》的通知［EB/OL］.（2021-06-02）. 国
家发展改革委官网，https：//w ww. ndrc. gov. cn/xwdt/tzgg/202106/
t20210602_1282454. html?code=&state=123.

［37］国家发展战略和规划司. "十四五"规划《纲要》名词解释之155|三大
海洋经济圈［EB/OL］.（2021-12-24）. 国家发展改革委官网，https：//
www. ndrc. gov. cn/fggz/fzzlgh/gjfzgh/202112/t20211224_1309420.

html?code=&state=123.

［38］郭媛媛."浙"海汩汩涌甘泉——浙江海水淡化的破局之路［J］.浙江
国土资源,2022（3）:20-22.

［39］海南省自然资源和规划厅.海南省海洋经济发展"十四五"规划
（2021－2025年）［EB/OL］.（2021-06-08）.海南省自然资源和
规划厅官网,http://lr.hainan. gov. cn/xxgk_317/0200/0202/202106/
t20210608_2991346. html.

［40］海洋农业产业科技创新战略研究组良种选育与苗种繁育专题组.创新
驱动海洋种业的建议及对策［J］.中国农村科技,2013（11）:70-73.

［41］韩超.深远海养殖:走向"蓝海"的朝阳产业［J］.农产品市场,2021
（12）:26-28.

［42］郝东伟.河北"十个必须、十个严禁"全面加强渔业安全生产管理
［N］.河北日报,2021-10-10.

［43］何丹.蓝色金融国际实践研究及对中国启示［J］.区域金融研究,2021
（1）:34-41.

［44］何伟文,吴梦启,蔡靖,等.乌克兰危机对全球供应链和中国经济的
影响［EB/OL］.（2022-03-18）.全球化智库,https://m.thepaper.cn/
news Detail_forward_17178955.

［45］侯永丽,单良.辽宁沿海经济带海洋产业结构及竞争力评价研究［J］.
海洋开发与管理,2022,39（1）:94-101.

［46］洪晓文.《现代海洋城市研究报告（2021）》发布:上海、香港领跑亚
太海洋经济圈［N］.21世纪经济报道,2022-06-23.

［47］黄玥,董博婷.第一观察|习近平心目中的"大食物观"［EB/OL］.
（2022-03-09）.新华网,http://big5.news.cn/gate/big5/www.news.cn/
politics/lea ders/2022-03/09/c_1128452681.htm.

［48］贾大山,徐迪,蔡鹏.2021年沿海港口发展回顾与2022年展望［J］.中
国港口,2022（1）:12.

［49］交通运输部.关于推进海事服务粤港澳大湾区发展的意见［EB/OL］.

（2020-06-12）.交通运输部官网，http：//www. gov. cn/zhengce/
zhengceku/ 2020-06/17/content_5519874.htm.

［50］交通运输部.关于珠江水运助力粤港澳大湾区建设的实施意见［EB/
OL］.（2020-06-28）.交通运输部官网，https：//xxgk.mot. gov.
cn/2020/jigou/syj/ 202006/t20200630_3321375.html.

［51］交通运输部.2021年水路运输市场发展情况和2022年市场展望［EB/
OL］.（2022-03-17）.交通运输部官网，https：//xxgk. mot. gov.
cn/2020/jigou/syj/202 203/t20220317_3646405.html.

［52］姜秉国，韩立民.海洋战略性新兴产业的概念内涵与发展趋势分析
［J］.太平洋学报，2011，19（5）：76-82.

［53］江苏省自然资源厅.江苏省"十四五"海洋经济发展规划［EB/OL］.
（2021-08-30）.江苏省自然资源厅官网，http：//zrzy. jiangsu. gov. cn/
gtxxgk/ nrglIndex.action?type=2&messageID=2c9082547d591d36017d5a1
38b910001.

［54］江苏省自然资源厅.2021年江苏省海洋经济统计公报［EB/OL］.
（2022-05-07）.江苏省自然资源厅官网，http：//zrzy. jiangsu. gov.
cn/gtxxgk/nrglIndex. action? messageID=2c908254809b636f01809cc52
4e20001.

［55］孔德晨.保障"蓝色粮仓"，海洋牧场作用大［N］.人民日报（海外
版），2022-06-07.

［56］李志伟."生态+"视域下海洋经济绿色发展的转型路径［J］.经济与
管理，2020，34（1）：35-41.

［57］李玲.天津海洋环境监测中心站用实际行动守护蔚蓝［N］.中国自然
资源报，2021-11-24.

［58］李彧."粤港澳大湾区组合港"建设问题探讨及香港的功能定位［J］.
国际金融，2022（5）：56-61.

［59］李娇俨.浙江文化和旅游项目2021年实际完成投资2769.7亿元［N］.浙
江日报，2022-02-14.

［60］李勋祥. 青岛海洋创新能力全国领先［EB/OL］.（2022-02-23）. 青岛日报网，https：//www. dailyqd. com/3g/html/2022-02/19/content_333391.htm.

［61］李莎. 2021年我国海洋灾害造成30亿直接经济损失，低于近十年平均值［EB/OL］.（2022-05-06）. 21世纪经济报道，https：//baijiahao. baidu. com/s?id=17 32090037158232935&wfr=spider&for=pc.

［62］李天生，陈琳琳. 环渤海区域海洋生态环境特点及保护制度改革［J］. 山东大学学报（哲学社会科学版），2019（1）：127-135.

［63］李仁真，戴悦. 蓝色债券的目标、原则与发展建议［J］. 环境保护，2021，49（15）：48-52.

［64］李南妮，邵海峰，栾坤. 辽宁大连：政策性金融推动海洋经济高质量发展［N］. 金融时报，2022-05-26.

［65］李秀辉，张紫涵. 新中国成立70年海洋金融政策的回顾与展望［J］. 浙江海洋大学学报（人文科学版），2020，37（1）：9-17.

［66］李飞，张莹. 我国战略性海洋新兴产业发展现状及对策研究［J］. 商业经济，2021（6）：1-2+37.

［67］李应博，周斌彦. 后疫情时代湾区治理：粤港澳大湾区创新生态系统［J］. 中国软科学，2020（S1）：223-229.

［68］连云港市统计局. 发展新型海洋经济促进港城高质发展［EB/OL］.（2020-12-11）. 连云港市统计局官网，http：//www.lyg.gov.cn/zglygzfmhwz/ sjjd/content/22b932b8-70a6-499e-9cbc-95f47597f8b7. html.

［69］连云港市自然资源和规划局. 连云港市"十四五"海洋经济发展规划［EB/OL］.（2022-01-14）. 连云港市自然资源和规划局官网，http：//zrzy. jiangsu. gov. cn/gtapp/nrglIndex.action?catalogID=2c9082b55a1cd4dd015a1d45bf940051&type=2&messageID=ff8080817e091bc5017e57f5af061617.

［70］联合国粮食及农业组织. 2022年世界渔业和水产养殖状况：努力实现

蓝色转型（概要）［R］.罗马：联合国粮食及农业组织，2022.

［71］刘建玲.20年，煤码头变身绿色智能大港——国家能源集团黄骅港务
公司投产20周年［N］.河北日报，2021-12-01.

［72］刘乐斌.山东：向海谋篇 坚定不移推进海洋强省建设［EB/OL］.
（2022-05-27）.新华网，http：//www. sd.xinhuanet. com/cj/2022-
05/26/c_1128685952.htm.

［73］刘满平.俄乌冲突将给国际能源市场带来五大影响［N］.中国能源
报，2022-03-05.

［74］刘洋."后疫情"时代香港航运业如何突围?［J］.中国航务周刊，2020
（40）：32-34.

［75］刘洋.普京时期俄罗斯海洋战略的内涵、实践及特征［J］.俄罗斯东欧
中亚研究，2021（2）：111-131+153.

［76］刘康，韩梦彬.中国绿色债券市场：发展特征、制约因素及政策建议
［J］.金融市场研究，2022（2）：34-43.

［77］刘少军，刘畅，戴瑜.深海采矿装备研发的现状与进展［J］.机械工程
学报，2014，50（2）：8-18.

［78］刘峰，刘予，宋成兵，等.中国深海大洋事业跨越发展的三十年［J］.
中国有色金属学报，2021，31（10）：2613-2623.

［79］刘晓，刘新佳.找准定位多措并举服务浙江海洋经济高质量发展［J］.
中国海事，2022（5）：15-17.

［80］刘波，龙如银，朱传耿，孙小祥，潘坤友.江苏省海洋经济高质量发
展水平评价［J］.经济地理，2020，40（8）：104-113.

［81］刘洪昌，张华.战略性海洋新兴产业突破性技术创新路径及对策研究
［J］.当代经济，2018（12）：4-7.

［82］刘志平，赵军帅，马滢，等.后疫情时代航运业的现状、风险与发展
对策［J］.珠江水运，2021（22）：62-63.

［83］罗水元.《2021年上海海洋经济统计公报》今天发布"双核"都传好
消息［N］.新民晚报，2022-06-08.

［84］马明.天津港开通海洋联盟亚欧新航线［J］.中国航务周刊，2021
（16）：22.

［85］马晓婷.青岛蓄势推进海洋旅游高质量发展［N］.青岛日报，2022-
05-08.

［86］马哲，党安涛，李彬，等.山东省海上风电产业高质量发展对策研究；
［J］.海洋开发与管理，2022，39（2）：77-81.

［87］南通市自然资源和规划局.南通市自然资源和规划局围绕"三突出"
拓展蓝色海洋经济新空间［EB/OL］.（2021-07-09）.南通市人民政
府网，http：//www.nantong.gov.cn/ntsrmzf/bmyw/content/e0ed5045-
4c27-4dab-ba9d-f49f8b6ce521.html.

［88］宁广靖."百年港城"何以"向海而生"？［N］.新金融观察，2021-
07-01.

［89］秦菲，朱旭光，刘伟杰，王洋洋.地方立法协同助海洋牧场高质量发
展［N］.烟台日报，2022-05-06.

［90］上海市崇明区陈家镇人民政府.2021年政府工作报告［EB/OL］.
（2022-01-19）.上海市崇明区人民政府官网，https：//www.shcm.gov.
cn/govxxgk/cjz/2022-01-19/c96ab9ec-6a2f-49b8-aa79-e8550968717b.
html.

［91］上海市交通委员会.2021年上海国际航运中心建设十大事件发布［EB/
OL］.（2022-01-25）.上海市交通委员会官网，http：//jtw.sh.gov.cn/
jtyw/20220127/9f92de3c396949e99bd9cb39d4648a47.html.

［92］上海市经信委.2021年上海高端智能装备产业发展十件大事［EB/OL］.
（2022-01-25）.上观新闻，https：//sghexport.shobserver.com/html/
baijiahao/2022/01/25/644226.html.

［93］上海市海洋局.2021年上海市海洋经济统计公报［EB/OL］.（2022-
06-17）.上海海洋局官网，http：//swj.sh.gov.cn/gsgg/20220630/
a97dcfd428b24ffdbaf6d75c0 c7909cd.html.

［94］上海市海洋局.上海市海洋"十四五"规划［EB/OL］.（2021-12-

08）. 上海市海洋局官网，http：//swj. sh. gov. cn/shshyhjjcybzx-zcfg/20220105/fcbb787716 d0435faacbfee367a481bc.html.

［95］上海市人民政府. 关于印发《中国（上海）自由贸易试验区临港新片区发展"十四五"规划》的通知［EB/OL］.（2021-08-12）. 上海市人民政府官网，https：//www. shanghai. gov. cn/nw12344/20210812/bd6b7c5e895d42ac8885362bd0ae6e0c.html.

［96］邵琨. 我国首个海洋牧场建设国家标准发布［EB/OL］.（2021-12-31）. 新华网，http：//www. news.cn/2021-12/30/c_1128218526.htm.

［97］沈璇. 江苏南通：向海谋篇三向突破建设江海特色的海洋中心城市［N］. 经济参考报，2022-06-09.

［98］深圳市交通运输局. 深圳盐田港外贸发展韧性足［EB/OL］.（2022-04-14）. 深圳市交通运输局官网，http：//jtys.sz.gov.cn/gkmlpt/content/9/9699/post_96992 72.html#1514.

［99］生态环境部. 2021年中国海洋生态环境状况公报［EB/OL］.（2022-05-27）. 生态环境部官网，https：//www. mee.gov.cn/hjzl/sthjzk/jagb/.

［100］生意社. 2022年03月大宗商品价格涨跌榜［EB/OL］.（2022-04-01）. 生意社，http：//www.100ppi.com.

［101］石学法，符亚洲，李兵，等. 我国深海矿产研究：进展与发现（2011-2020）［J］. 矿物岩石地球化学通报，2021，40（2）：305-318+517.

［102］孙建阳，易爱军，罗俊琳. 自贸区建设视阈下连云港海洋新兴产业培育研究［J］. 大陆桥视野，2020（5）：58-60+63.

［103］孙晓波. 沿海强省江苏，海洋经济为何不强［EB/OL］.（2022-01-02）. 中国新闻周刊官网，http：//www. inewsweek. cn/finance/2022-01-02/14832.shtml.

［104］孙也达，马慕迪. 秦皇岛银保监分局推出涉海经济金融服务新模式［N］. 河北日报，2020-05-06.

［105］孙钰，梁一灿，齐艳芬，等. 京津冀城市群生态效率的空间收敛性研

究［J］.科技管理研究，2021，41（19）：184-194.

［106］孙玥.天津市极地与深远海装备创新中心获批组建［N］.中国自然资源报，2022-04-18.

［107］万红，孙立伟.为世界智慧绿色港口建设提供"天津方案"——再访天津港［N］.天津日报，2022-05-31.

［108］万链·青科信指数联合实验室，国家海洋信息中心.中国海洋新兴产业指数报告2021［R］.青岛：2021世界科技海洋大会，2022.

［109］王昌林，盛朝迅.中国海洋战略性新兴产业发展现状、问题与对策探讨［J］.海洋经济，2021，11（5）：9-17.

［110］王晗.大连：数字化管理平台让海洋牧场更智慧［EB/OL］.（2022-06-08）.中国日报中文网，https：//ln. chinadaily. com. cn/a/202206/08/WS62a0af66a3101c3 ee7ad994a.html.

［111］王晶.青岛：政策"组合拳"赋能海洋高质量发展［N］.中国自然资源报，2022-04-18.

［112］王晶.山东明确"十四五"海洋经济发展蓝图［N］.中国自然资源报，2021-11-25.

［113］王凯.每年引进超亿元海洋产业项目50个以上［N］.青岛日报，2021-12-15.

［114］王凯艺，袁佳颖.三个"首次突破"！宁波舟山港2021年度成绩单出炉［EB/OL］.（2022-01-14）.浙江日报官网，https：//baijiahao. baidu.com/s?id=172 1899958340879017&wfr=spider&for=pc.

［115］王凯艺，张帆.由大迈向强宁波舟山港首个"3000万"是这样炼成的［EB/OL］.（2021-12-17）.浙江日报官网，https：//baijiahao.baidu. com/s?id=1 719315115105411407&wfr=spider&for=pc.

［116］王美强，黄阳.中立型两阶段交叉效率评价方法［J/OL］.中国管理科学：1-12；2022-07-27］.DOI：10.16381/j. cnki. issn1003-207x. 2020.1697.

［117］王娜.河北省全面启动海域使用状况调查与监测工作［EB/OL］.
（2022-06-10）.中国新闻网，http：//www. chinanews. com.cn/
cj/2022/06-10/97 76460. shtml.

［118］王启凤，钟坚，汪行东.建设国际航运中心背景下粤港澳大湾区港口
群治理模式研究［J］.经济体制改革，2020（6）：64-70.

［119］王世琪."十四五"时期，我省为海洋强省定下五大目标——"蓝色浙
江"再掀壮阔波澜［EB/OL］.（2021-06-23）.杭州网，https：//news.
hangzhou. com. cn/zjnews/content/2021-06/23/content_7991686_0.htm.

［120］王淑芳，马桂珍，暴增海，等.江苏省海洋药物原药制造业浅析［J］.
时珍国医国药，2012，23（5）：1262-1264.

［121］王爽.去年河北海洋灾害情况轻于近十年平均水平［N］.中国自然资
源报，2021-07-29.

［122］王伟，陈梅雪.金融支持海洋产业发展的国际经验及启示［J］.浙江
金融，2019（4）：23-28.

［123］王项南，贾宁，薛彩霞，等.关于我国海洋可再生能源产业化发展的
思考［J］.海洋开发与管理，2019，36（12）：14-18.

［124］王项南，麻常雷."双碳"目标下海洋可再生能源资源开发利用；
［J］.华电技术，2021，43（11）：91-96.

［125］王震，鲍春莉.中国海洋能源发展报告2021［M］.北京：石油工业出
版社，2021.

［126］王志文，丁晨妍.推动"十四五"时期浙江海洋经济双循环发展［J］.
浙江经济，2021（5）：68-69.

［127］危纬肖，张旭.蓝色债券的"蓝海"——特定品种债券研究［J］.中
国货币市场，2022（2）：32-36.

［128］吴宾，杨一民，娄成武.中国海洋工程装备制造业政策文献综合量化
研究［J］.科技管理研究，2017，37（12）：103-110.

［129］吴价宝，易爱军，方程，等.长三角一体化背景下江苏海洋经济"蓝
色突围"路径及对策［J］.江苏海洋大学学报（人文社会科学版），

2021，19（3）：10-18.

［130］厦门市人民政府. 加快建设"海洋强市"推进海洋经济高质量发展三年行动方案（2021-2023年）［EB/OL］.（2021-09-08）. 厦门市人民政府门户网站，http：//zfgb. xm. gov. cn/gazette/98321527.

［131］夏孝瑾，王方. 发挥驻津院所引领作用促进天津海洋经济高质量发展［J］. 天津经济，2021（12）：27-29.

［132］项翔，李俊飞. 对我国海洋可再生能源开发利用的研究与探讨［J］. 海洋开发与管理，2014，31（6）：33-37.

［133］徐洪才. 俄乌冲突对中国经济的负面影响及其对策［EB/OL］.（2022-03-31）. 全球化智库，http：//www. ccg. org. cn/archives/68949.

［134］许立荣. 后疫情时代驱动全球航运的"三大变量"［J］. 中国水运，2021（8）：8-9.

［135］盐城市自然资源和规划局. 盐城市"十四五"海洋经济发展规划［EB/OL］.（2021-08-10）. 盐城市自然资源和规划局官网，http：//zrzy. jiangsu. gov. cn/ gtapp/nrglIndex. action?type=2&messageID=ff8080817dc9124d017dfa5b64261356.

［136］闫福珍，盛朝讯，李晨，等. 海洋新兴产业研究综述［J］. 海洋经济，2021，11（2）：51-61.

［137］杨冠英. 中国战略性海洋新兴产业发展要素贡献度与配置研究［D］. 青岛：中国海洋大学，2014.

［138］杨佳伟，王美强. 基于非期望中间产出网络DEA的中国省际生态效率评价研究［J］. 软科学，2017，31（2）：92-97.

［139］杨伟. 建设富有江海特色的海洋中心城市［N］. 南通日报，2021-10-11.

［140］杨珍莹，何宝新. 三大指标位居全球第一！中国船舶集团交出2021年亮丽成绩单［EB/OL］.（2022-01-15）. 浦东发布，https：//baijiahao. baidu. com/s?id=1 722002406450804588&wfr=spider&for=pc.

［141］杨子炀，庞喻文. 天津市招商租赁公司成功发行深交所首支蓝色债

券［EB/OL］.（2022-03-12）.中国新闻网，http：//www.chinanews.
com.cn/cj/2022/ 03-12/9699802.shtml.

［142］姚荔，杨潇，杨黎静.粤港澳大湾区视角下香港海洋经济发展策略研究［J］.海洋经济，2018，8（06）：46-53.

［143］姚瑞华，张晓丽，严冬，等.基于陆海统筹的海洋生态环境管理体系研究［J］.中国环境管理，2021，13（5）：79-84.

［144］尤畅，何伊伲.在高水平建设现代海洋城市中推进"两个先行"——专访舟山市委书记何中伟［N］.浙江日报，2022-07-08.

［145］丁伟，张鹏，姬志恒.中国城市群生态效率的区域差异、分布动态和收敛性研究［J］.数量经济技术经济研究，2021，38（1）：23-42.

［146］苑立立，陈磊，苏亚航.河北省海水淡化工程日产能达34万余吨［N］.河北日报，2022-06-28.

［147］曾玥妍，邓翔.中国绿色债券市场的影响因素研究［J］.中国市场，2018（36）：6-9.

［148］张承惠.我国海洋金融事业发展的启示与建议［J］.海洋经济，2021，11（5）：68-75.

［149］张建波，王宇，聂雪军，等.智慧渔业时代的深远海养殖平台控制系统［J］.物联网学报，2021，5（4）：120-136.

［150］张近情，戴绍志.沧州：打造沿海经济带龙头和全省改革开放新高地［EB/OL］.（2020-10-09）.河北新闻网，http：//swt. hebei. gov. cn/investheb/info. php?id=15620.

［151］张丽.粤港澳大湾区绿色航运业发展思考［J］.合作经济与科技，2021（2）：4-6.

［152］张明涛，田保祥.河北厅：构建"陆海空"海域巡检新模式［N］.中国自然资源报，2022-06-28.

［153］张鹏程.OGJ：2021年全球石油产量增长1.3%［N］.石油商报，2022-02-21.

［154］张晟南.渤海综合治理攻坚战：辽宁海洋生态修复项目完成目标任务

［N］. 中国自然资源报，2021-08-05.

［155］张守都，李友训，姜勇，等. 海洋强国背景下我国发展现代海水养殖业路径分析［J］. 海洋开发与管理，2021，38（11）：18-26.

［156］张文亮，聂志巍，赵晖，等. 天津海洋经济高质量发展影响因素研究［J］. 中国海洋经济，2020（1）：64-81.

［157］赵宁. 辽宁沿海经济带发展进入新阶段［N］. 中国自然资源报，2021-11-17.

［158］赵蕴颖，金博源. 大连海事局护航"祥龙"安全"入海"［N］. 大连日报，2022-03-02.

［159］赵昕，白雨，李颖，等. 我国海洋金融十年回顾与展望［J］. 海洋经济，2021，11（5）：76-89.

［160］浙江省政府办公厅. 浙江省人民政府关于印发浙江省海洋经济发展"十四五"规划的通知［EB/OL］.（2021-05-17）. 浙江省人民政府网，https：//www. zj. gov. cn/art/2021/6/4/art_1229505857_2301550. html.

［161］智研咨询. 2022-2028年中国上海旅游行业市场深度分析及投资方向研究报告［R］. 2022.

［162］中国船舶工业行业协会. 2021年船舶工业经济运行分析［EB/OL］.（2022-07-23）. 中国船舶工业行业协会网站，https：//www. cansi. org. cn/cms/ document/17230. html.

［163］中国可再生能源学会风能专业委员会. 2021年中国风电吊装容量统计简报［J］. 风能，2022（5）：38-52.

［164］中国旅游研究院，马蜂窝自由行大数据联合实验室. 2021年全球自由行报告［EB/OL］.（2022-02-24）. 第一旅游网，https：//view. inews. qq. com/a/2022 0224A09RWU00?startextras=undefined&from=amptj.

［165］仲雯雯，郭佩芳，于宜法. 中国战略性海洋新兴产业的发展对策探讨［J］. 中国人口·资源与环境，2011，21（9）：163-167.

［166］朱沙，姚慧. 助力山东向海图强［N］. 中国银行保险报，2022-04-22.

［167］朱文博浩，李晓峰，孙波.后疫情时代数字化促进粤港澳大湾区传统产业升级研究［J］.国际贸易，2021（3）：52-59.

［168］朱永灵.关于中国国际海底区域矿区采矿的思考［J］.海洋开发与管理，2017，34（8）：109-112.

［169］自然资源部.2020年全国海水利用报告［EB/OL］.（2021-12-06）.自然资源部门户网站，http：//m.mnr. gov. cn/sj/sjfw/hy/gbgg/qghslybg/202112/t20211206_2709757.html.

［170］自然资源部.2021年中国海洋经济统计公报［EB/OL］.（2022-04-06）.自然资源部门户网站，http：//gi. m. mnr. gov. cn/202204/t20220406_2732610.html.

［171］自然资源部.2021年全国海水利用报告［EB/OL］.（2022-09-27）.自然资源部官网，http：//m.mnr.gov.cn/gk/tzgg/202209/t20220927_2760473.html.

［172］2022年海洋开采业现状及发展前景分析［EB/OL］.（2021-12-28）［2022-07-08］.https://www.chinairn.com/news/20211228/140550361.shtml.

［173］突破2000万立方米！南海东部油田年产量创新高［EB/OL］.（2021-11-26）［2022-07-08］.https://baijiahao.baidu.com/s?id=1717470602258309051.

［174］我国在1225米深海成功钻采可燃冰［EB/OL］.（2020-03-27）［2022-07-08］.https://m.gmw.cn/baijia/2020-03/27/1301094680.html.

［175］我国首套自主研发水下采油树系统海试成功［EB/OL］.（2021-05-20）［2022-07-09］.http://www.gov.cn/xinwen/2021-05/20/content_5609511.htm.

［176］我国首套国产化深水水下采油树在琼投用［EB/OL］.（2022-06-15）［2022-07-09］.https://baijiahao.baidu.com/s?id=1735705466606266477.

［177］我国首艘深海载人潜水器蛟龙号创造"中国深度"新纪录［EB/OL］.（2018-11-30）［2022-07-09］.http://www.gov.cn/xinwen/2018-11/30/

content_5344610.htm.

［178］又一大国重器！奋斗者号载人潜水器坐底10909米冲入世界顶尖水平
　　　　［EB/OL］.（2021－08－09）［2022－07－09］. https://baijiahao.baidu.
　　　　com/s?id=1707628454165636028.

［179］山东举行解读《2020年山东海洋经济统计公报》新闻发布会［EB/OL］.
　　　　（2021－11－02）［2022－07－09］. http://www.scio.gov.cn/xwfbh/
　　　　gssxwfbh/xwfbh/shandong/Document/1715861/1715861.htm.

［180］我市海洋科技创新成果转化实现重大突破——世界最大单机LHD1.6
　　　　兆瓦潮流能发电机组在舟山启动下海［EB/OL］.（2022－04－
　　　　01）［2022－07－09］.http://zskjj.zhoushan.gov.cn/art/2022/4/1/
　　　　art_1312725_58836971.html.

［181］水下机器人：何时不再受制于人［EB/OL］.（2020－09－03）［2022－
　　　　07－09］.https://www.sohu.com/a/416284492_99953707.

［182］国家海洋局. 蓬莱19-3油田溢油事故联合调查组关于事故调查处理报
　　　　告［R］，2012－06－21.